建筑施工特种作业人员安全培训系列教材

# 物料提升机司机

王凯晖　主编

中国建材工业出版社

图书在版编目（CIP）数据

物料提升机司机/王凯晖主编．—北京：中国建材工业出版社，2019.1
建筑施工特种作业人员安全培训系列教材
ISBN 978-7-5160-2413-3

Ⅰ.①物… Ⅱ.①王… Ⅲ.①建筑材料—提升车—安全培训—教材 Ⅳ.①TH241.08

中国版本图书馆 CIP 数据核字（2018）第 208765 号

**内容提要**

本书根据《建筑施工特种作业人员管理规定》《建筑施工特种作业人员安全技术考核大纲（试行）》《建筑施工特种作业人员安全操作技能考核标准（试行）》等相关规定，介绍了物料提升机司机必须掌握的安全技术知识和操作技能。本书以科学、实用、适用为原则，内容深入浅出，语言通俗易懂，形式图文并茂，突出了培训教材的实用性、实践性和可操作性。

本书可作为物料提升机司机职业技能培训用书，也可作为相关人员的参考工具书。

**物料提升机司机**
王凯晖　主编

出版发行：中国建材工业出版社
地　　址：北京市海淀区三里河路 1 号
邮　　编：100044
经　　销：全国各地新华书店
印　　刷：北京雁林吉兆印刷有限公司
开　　本：850mm×1168mm　1/32
印　　张：5
字　　数：125 千字
版　　次：2019 年 1 月第 1 版
印　　次：2019 年 1 月第 1 次
定　　价：**28.80 元**

本社网址：www.jccbs.com，微信公众号：zgjcgycbs

# 前　言

建筑起重机械是建筑施工现场的重要组成部分。物料提升机是一种在建筑作业中经常使用的载货施工机械,用于物料垂直运输。其结构简单,安装、拆除和使用比较方便,因此在中小型建筑工地作为主要的垂直运输设备被广泛使用。

建筑机械事故多为人的不安全行为(设备安装拆卸和操作人员)、机械的不安全状态(安装拆卸和使用时存在不安全状态)、周边环境的影响和管理的缺陷等因素造成。要抓好建筑机械的安全工作,必须使有关人员充分了解建筑机械的原理和构造,熟知操作规程,完善建筑机械安全管理制度,加大对建筑机械事故前的风险控制,将安装、拆卸和操作人员的行为控制在安全状态范围内,使施工现场的建筑机械处于安全使用的状态,最终减少和避免建筑机械事故。

本书以《建筑施工特种作业人员管理规定》《建筑施工特种作业人员安全技术考核大纲(试行)》《建筑施工特种作业人员安全操作技能考核标准(试行)》等相关文件为依据,重点以物料提升机司机现场施工操作技能和安全为核心进行编写,在提高物料提升机司机职业操作技能水平,保证工程质量和安全生产方面做了较为全面的介绍。

本书结合建筑工程中的实际应用，介绍了物料提升机司机基础理论知识、电工学基础、机械基础知识、物料提升机基础知识、物料提升机结构、物料提升机安全使用、物料提升机故障及事故，还包括了新技术、新设备等方面的知识，较好地将物料提升机的常识、有关标准规范和施工实际结合起来，针对性、实用性较强。本书力求做到技术内容最新、最实用，文字通俗易懂，语言生动简洁。同时辅以大量直观的图表，适合不同层次、不同年龄的物料提升机司机职业技能培训和实际施工操作应用。本书对物料提升机司机掌握建筑机械有关知识、熟知操作规程和提高自我保护意识方面具有一定的参考价值。

希望本书能为物料提升机司机提高整体素质及操作水平发挥积极作用。

编　者

2018年8月

# 目　　录

# 第一章　基础理论知识

## 第一节　基本力学知识

### 一、力的概念

力是物体之间相互的机械作用。这种作用使物体的机械运动状态发生变化或使物体的形状发生改变，前者称为力的外效应或运动效应，后者称为力的内效应或变形效应，力不能脱离实际物体而存在。

例如：垂直向上运载重物时，由于力对物体产生的作用，使物体由静止到运动，由低位移到高位，这种作用就是力。

重力：物体受到地球的引力而产生的。重力的方向总是竖直向下，大小和物体质量呈正比。

### 二、力的三要素

力对物体的作用效果取决于力的三个要素，分别是力的大小、力的方向、力的作用点。

1. 力的大小：表示物体间相互机械作用的强弱程度。单位：牛顿（N）或千牛顿（kN）。

2. 力的方向：表示力的作用线在空间的方位和指向。

3. 力的作用点：表示力的作用位置。

物体的重心是各种物体质量的中心，另外也可以认为物体的全部质量都作用在重心上，形状规则的均匀物体的重心就在物体的几何中心。

力的大小、方向、作用点不同，作用的效果也都不同。

力的大小不同：将一个硬弹簧往外拉，如果用的力比较小的话则拉不动。如果用大力拉，则拉得动。说明力的作用效果跟力的大小有关。

力的方向不同：向外用力，弹簧被拉长；向内用力，弹簧被压短；用扳手扭螺钉，向上用力，螺钉被拧松；向下用力，螺钉被拧紧。说明力的作用效果跟力的方向有关。

力的作用点不同：扭螺钉，在扳手上离螺钉越远的位置施力越省力，越近越费力。

如图 1-1 所示，力在物体上的作用点不一样，对物体产生的变化不一样。图（a）的力使物体产生位移，图（b）的力使物体倾覆。说明力的作用效果跟力的作用点有关。

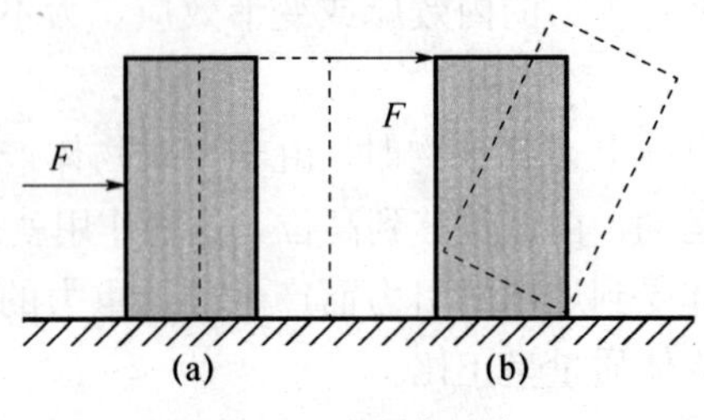


图 1-1　力的作用点

## 三、力的单位

度量力的大小的单位，在国际单位制中，用牛顿（N）或千牛顿（kN）；目前在工程实际中，仍沿用工程单位制的千克力（kgf）或吨力（Tf）。

1 千克力指的是 1 千克的物体所受的重力大小，1 吨力指的是 1 吨的物体所受的重力大小。

### 四、外力

指作用于构件、受力物体上的力（一般称为载荷）。

### 五、内力

当构件在外力作用下发生变形时，构件内部分子之间就伴随着产生一种抵抗力，这种抵抗力就叫做内力。

内、外力是相对于构件的系统而言的，外力是受到的系统之外的力，内力是受到的系统之内的力。

### 六、应力

物体由于外因（受力、湿度、温度场变化等）而变形时，在物体内各部分之间产生相互作用的内力，以抵抗这种外因的作用，并试图使物体从变形后的位置恢复到变形前的位置。在所考察的截面某一点单位面积上的内力称为应力。同截面垂直的称为正应力或法向应力，同截面相切的称为剪应力或切应力。

应力就是在一个很小截面上的内力，应力＝内力/截面面积。

## 第二节　力矩、弯矩和扭矩

单个力对物体除了产生移动效应外，在一定条件下力对物体还可以产生转动效应。力使物体转动的效果，不仅和力的大小有关，还和力和转动轴的距离有关。力越大，力和转动轴的距离越大，力使物体转动的作用就越大。从转动轴到力的作用线的距离，叫力臂。力和力臂的乘积叫力对转动轴的力矩。

### 一、力矩

力矩是指作用力使物体绕着转动轴或支点转动的趋向。力矩的单位是牛顿·米（N·m）。如图 1-2 所示，人用撬棍撬动石头，会感到加在撬棍上的力很大，或者力的作用线离中心越远（手距离支点越远），就越容易撬动石头。

图 1-2　力矩

## 二、弯矩

弯矩是指与横截面垂直的分布内力系的合力矩。弯矩是受力构件截面上的内力矩的一种，如图 1-3 所示。

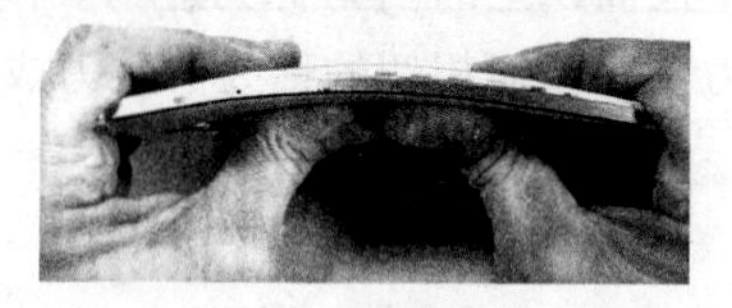

图 1-3　弯矩

## 三、扭矩

扭矩是使物体发生转动的一种特殊的力矩，如图 1-4 所示。力对轴的矩是力对物体产生绕某一轴转动作用的物理量。

图 1-4　扭矩

需要注意的是力对点的矩，不仅取决于力的大小，同时与矩心的位置有关。矩心的位置不同，力矩随之不同；当力的大小为零或力臂为零时，则力矩为零；力沿其作用线移动时，因为力的大小、方向和力臂均没有改变，所以，力矩不变。相互平衡的两个力对同一点的矩的代数和等于零。

## 第三节　极限应力和许用应力

### 一、构件的五种变形

杆件在外力作用下的五种变形是：

拉伸：在作用线与杆轴线重合的外力作用下，杆件将伸长。

压缩：在作用线与杆轴线重合的外力作用下，杆件将缩短。

剪切：在一对相距很近、大小相等、方向相反、作用线垂直于杆轴线的外力（称横向力）作用下，杆件的横截面将沿外力方向发生错动。

弯曲：在位于杆的纵向平面内的力或力偶作用下，杆的轴线由直线弯曲为曲线。

扭转：在位于垂直于杆轴线的两平面内的力偶作用下，杆的任意两横截面将发生相对转动。

工程实际中的杆件，可能同时承受各种外力而发生复杂的变形，但都可以看做是上述基本变形的组合。

### 二、极限应力和许用应力

1. 极限应力

指材料达到失效报废所受到的作用，包括抗拉强度、屈服强度、抗弯强度和抗剪强度等。

（1）抗拉强度：金属材料在承受拉力时，最大拉应力之前，变形是均匀一致的，但超出之后，金属开始出现缩颈现象并且不能恢复，而后很快被拉断，即产生集中变形；对于没有（或很小）均匀塑性变形的脆性材料，它反映了材料的断裂抗力。

（2）屈服强度：金属材料在承受压力时，屈服极限之前，变形是均匀一致的，但超出之后，将会使材料永久变形，无法恢复。如低碳钢的屈服极限为 207MPa，在大于此极限的外力作用之下，零件将会产生永久变形，小于这个外力，零件还会恢复原来的样子。

（3）抗弯强度：材料对受弯外力的承受能力。

（4）抗剪强度：材料承受剪切力的能力。

2. 许用应力

机械设计或工程结构设计中允许零件或构件承受的最大应力值。要判定零件或构件受载后的工作应力过高或过低，需要预先确定一个衡量的标准，这个标准就是许用应力。凡是零件或构件中的工作应力不超过许用应力时，这个零件或构件在运转中是安全的，否则就是不安全的。

简单地说，许用应力就是材料的极限应力除以安全系数，所得到的力值。

## 第四节　力的运算

### 一、力的图示

力可以用一个矢量表示，如图 1-5 所示，矢量按一定的比例尺表示力的大小；矢量的方位和指向表示力的方向；矢量的起点（或终点）表示力的作用点。

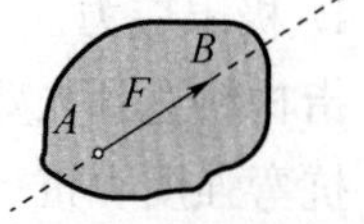

图 1-5　力的表示

## 二、静力学的基础定律

1. 力的等效

若对于同一物体，有两组不同力系对该物体的作用效果完全相同，则这两组力系称为等效力系。一个力系用其等效力系来代替，称为力系的等效替换。用一个最简单的力系等效替换一个复杂力系，称为力系的简化。若某力系与一个力等效，则此力称为该力系的合力，而该力系的各力称为此力的分力，如图 1-6 所示。

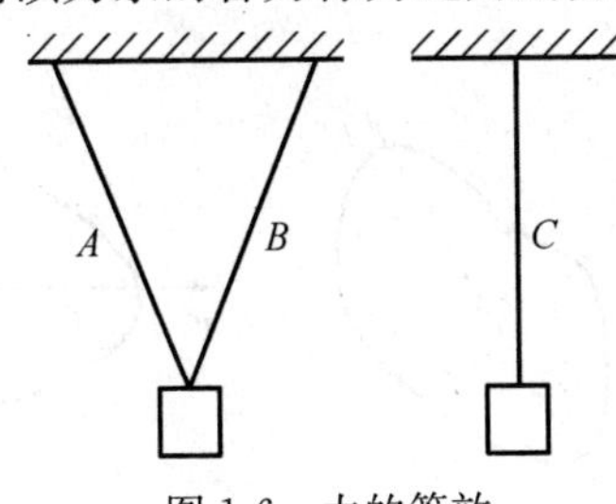


图 1-6　力的等效

2. 二力平衡

作用在同一物体上的两个力使物体平衡的必要与充分条件是：这两个力大小相等，方向相反，且作用在同一条直线上。如图 1-7 所示的物体在力 $F_1$ 和 $F_2$ 作用下平衡，则有 $F_1=F_2$。

二力平衡只限于物体受力的情况。

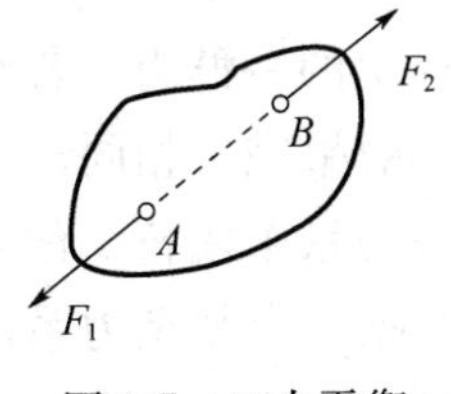


图 1-7　二力平衡

3. 加减平衡力系公理

在已知力系上加上或减去任意的平衡力系，并不会改变原力系对刚体的作用效果。该公理提供了力系简化的重要理论基础。可得到以下两个推论：

（1）力的可传性原理，即作用在刚体上的力，可以沿其作用线移到刚体内任意一点，而不改变该力对刚体的作用效果。如图1-8所示，$F''$和$F$的作用效果相同。

（2）三力平衡汇交定理，即当刚体在三个力作用下处于平衡时，若其中任何两个力的作用线相交于一点，则第三个力的作用线亦必交于同一点。如图1-9所示，三个平衡力$F_1$、$F_2$和$F_3$汇交于$O$点。

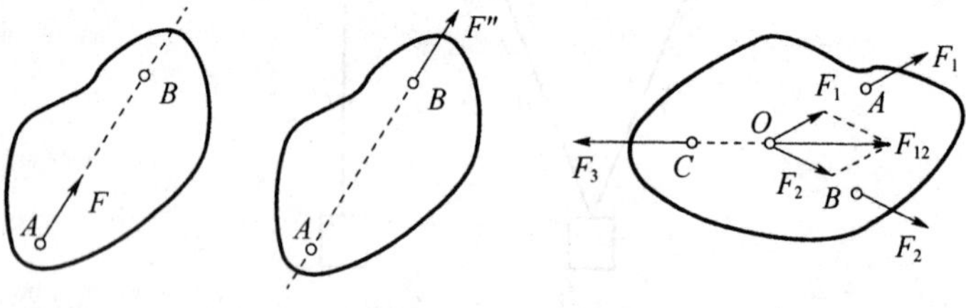


图1-8　力沿作用线移动　　　　图1-9　三力平衡汇交

4. 作用与反作用公理

作用力和反作用力总是同时存在，两力的大小相等、方向相反，沿同一直线分别作用在两个相互作用的物体上。

## 三、力系

力系是指作用在物体上的一群力。若对于同一物体，有两组不同力系对该物体的作用效果完全相同，则这两组力系称为等效力系。一个力系用其等效力系来代替，称为力系的等效替换。用一个最简单的力系等效替换一个复杂力系，称为力系的简化。若某力系与一个力等效，则此力称为该力系的合力，而该力系的各力称为此力的各个分力。

## 四、力的合成与分解

如果作用于某物体上的两个或几个力对物体所产生的作用，与另一个力单独作用于该物体时所产生的效果完全相同，则这个力就称为这几个力的合力；反之，这几个力也称为这一个力的分力。

1. 力的合成

物体同时受几个力的作用时，若存在一个力的作用效果，与原来几个力的作用效果相同，则这个力叫做原来几个力的合成。

（1）作用于一点且在同一条直线上的两个力的合成，方向相同时，两力相加，方向相反，两力相减。

（2）作用于一点，互成角度的两个力的合成，用平行四边形法则求合力，如图 1-10 所示。

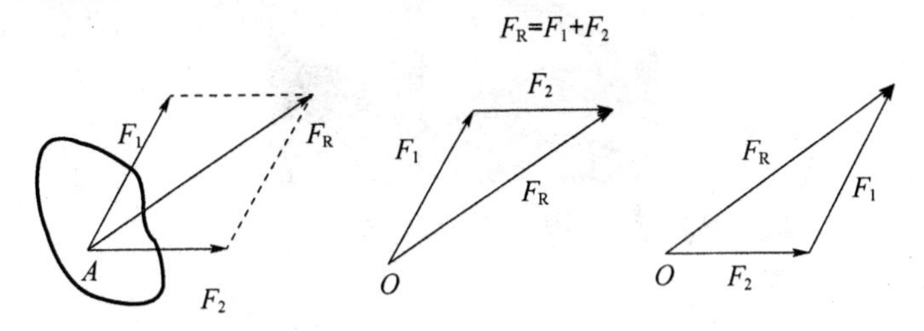


图 1-10　力的合成与分解

（3）作用于一点，互成角度的多个力的合成，用平行四边形法则两两相求。

2. 力的分解

它是力的合成的逆运算，是由合力求分力的方法。

应用平行四边形法则，如图 1-10 所示，作用在物体上同一点的两个力，可以合成为一个合力。合力的作用点也在该点，合力的大小和方向由这两个力为边构成的平行四边形的对角线确定，即合力矢等于两个分力矢的矢量和。

## 第五节　钢桁架结构基本知识

### 一、梁

以弯曲为主要变形的构件称之为梁。梁在竖向荷载作用下产生弯曲变形，一侧受拉，而另一侧受压。同时通过截面之间的相互错动传递剪力，最终将作用在其上的竖向荷载传递至两边支座。梁的内力包括了剪力和弯矩。梁式桥就是较常见的一种梁，如图 1-11 所示。

图 1-11　梁式桥

### 二、桁架

一种由杆件彼此在两端用铰链连接而成的结构，如图 1-12 所示。

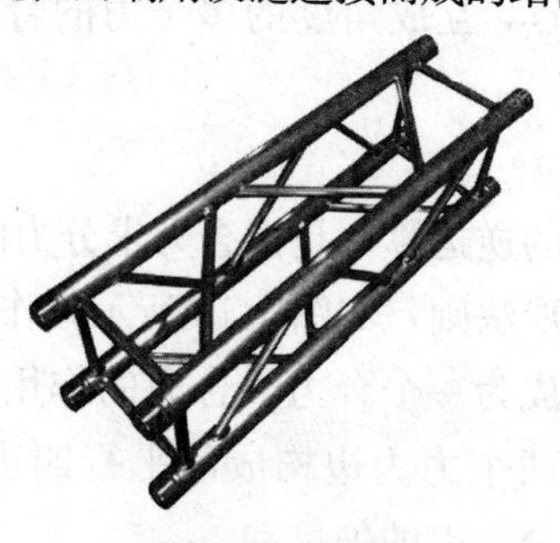

图 1-12　桁架

桁架是由直杆组成的一般具有三角形单元的平面或空间结构，桁架杆件主要承受轴向拉力或压力，从而能充分利用材料的强度，在跨度较大时可比实腹梁节省材料，减轻自重和增大刚度。

桁架的优点是杆件主要承受拉力或压力，可以充分发挥材料的作用，节约材料，减轻结构质量。

## 三、桁架的受力分析

桁架结构是梁式构件，它是由多根小截面杆件组成的“空腹式的大梁”，是静定结构。由于其截面可以很高，就具备了大的抗弯能力，而挠度小，这就能适合比实腹梁更大的跨度，而且具有节省材料、自重小、轻便等优点。

如图 1-13 所示，桁架结构是由直杆在端部相互连接而成的以抗弯为主的格构式结构。

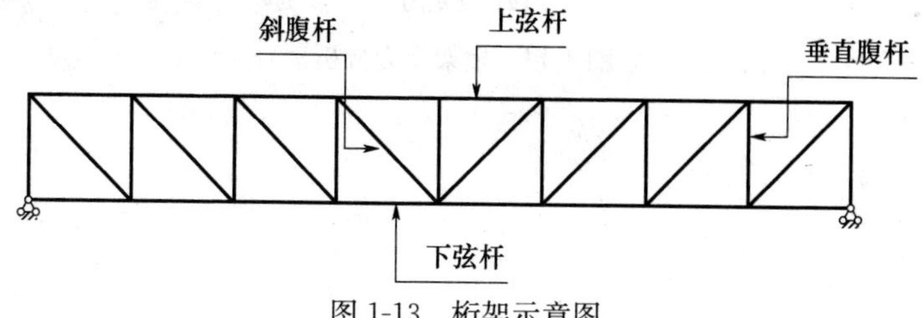


图 1-13　桁架示意图

桁架一般由上弦杆、下弦杆和腹杆组成。桁架受力合理，计算简单，施工方便，适应性强，对支座基本不产生横向推力，因此应用广泛。

基本受力分析见图 1-14。

## 四、桁架的工作方式

构件必须形成三角形；每根杆件只受拉或只受压；载荷必须作用在节点上；载荷作用在杆件上导致受弯；支座必须设在节点上。

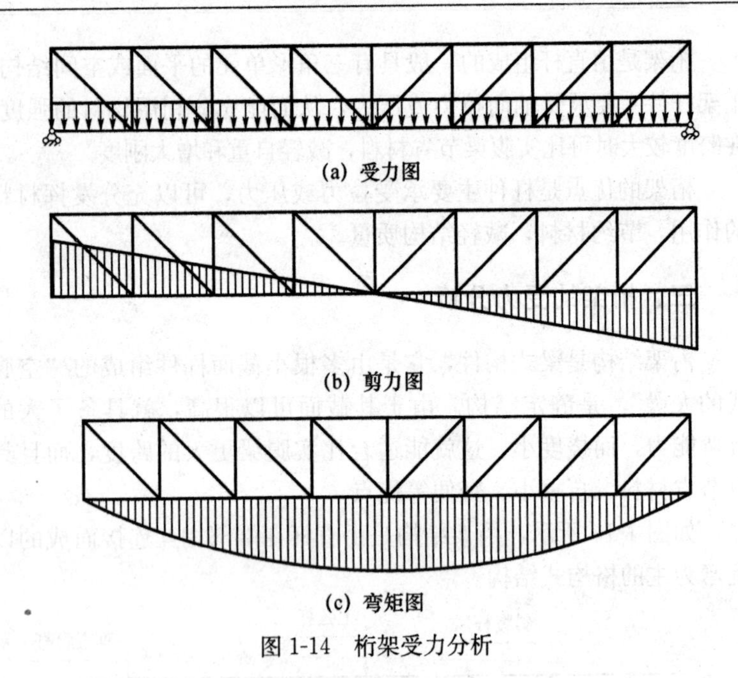
(a) 受力图

(b) 剪力图

(c) 弯矩图

图 1-14 桁架受力分析

# 第二章　电工学基础

## 第一节　基本概念

### 一、电路

电流所流过的路径叫做电路。电路一般由电源、用电器、导线和控制设备四个基本部分组成。如图 2-1 所示。

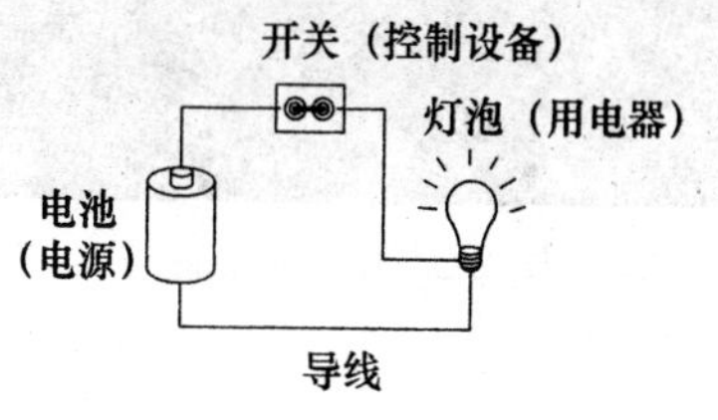


图 2-1　电流示意图

### 二、电流

在电路中，电荷有规则的运动称为概念上的电流；单位时间里通过导体任一横截面的电量叫电流强度，简称电流。

电流的本质是导体材料中的自由电子在电源产生的电场作用下做定向运动。所以电流不但有方向，而且有大小。大小和方向不随时间变化的电流，称为直流电，用字母“DC”或“—”表示；大小和方向随时间变化的电流，称为交流电，用字母“AC”

或"～"表示。

## 三、电子

原子是一种能保持其化学性质的最小单位，是化学变化中的最小微粒。一个原子包含有一个致密的原子核及若干围绕在原子核周围带电的电子。原子示意图如图 2-2 所示。电子的定向运动形成电流，如金属导线中的电流。

图 2-2　原子示意图

## 四、电场

是带电物质周围空间里存在的一种特殊物质。电场与磁场相仿，电场对放入其中的带电物质（电路中一般指电子）有作用力，磁场对放入其中的磁体（如钢铁）有作用力。

## 五、直流电

电流的方向不随时间变化而改变的电流，如 5 号干电池工作时提供的电流。

## 六、交流电

电流的瞬时大小和方向是随时间变化而改变的电流，如家用220V电流，工业用380V电流。

## 七、电压

河水之所以能流动，是因为有水位差，电子之所以能流动，是因为有电位差，有了电位差，电流才能从电路中的高电位点流向低电位点。电位差也就是电压。如图2-1中，电池即为电压的提供源。

## 八、电阻

电子在导体内移动时，导体阻碍电子移动的能力叫做电阻。如图2-1中，灯泡即为电路中主要电阻。

## 九、零电位

在距电荷无穷远处，被看做是电位值为零，称为零电位，即不带电的值。但在实际中，由于电位的绝对值远不如电位的相对值有价值，所以在实际高压电路中零电位一般指大地的电位。

## 十、断路（开路）

当开关断开时，电流中断不能流通。

## 十一、短路

电源两端由于某种原因通过了电阻几乎为零的电路时，称电源被短路。短路时，电流会很大，同时会产生高热，从而使电源、电器、仪表等设备损坏，甚至引发火灾。

### 十二、电功

如果一个力作用在物体上，物体在这个力的方向上移动了一段距离，力学里就说这个力做了功。电流所做的功是指电能可以转化成多种其他形式的能量，电能转化成多种其他形式能的过程也可以说是电流做功的过程，有多少电能发生了转化就说电流做了多少功。

### 十三、电功率

为了表示做功的快慢，指物体在单位时间内做功的多少，就是功率。电功率是指用来表示消耗电能快慢的物理量，单位时间内，电路中产生或损耗的电能称为电功率。

## 第二节　三相异步电动机

### 一、三相异步电动机基本知识

1. 三相异步电动机的结构

三相异步电动机由固定的定子和旋转的转子两个基本部分组成。转子装在定子内腔里，借助轴承被支撑在两个端盖上；定子由定子三相绕组、定子铁芯和机座组成。定子铁芯是异步电动机磁路的一部分，采用高导磁硅钢片叠成。机座又称机壳，它的主要作用是支撑定子铁芯，同时也承受整个电动机负载运行时产生的反作用力，运行时由于内部损耗所产生的热量也是通过机座向外散发。中、小型电动机的机座一般采用铸铁制成。大型电动机因机身较大浇注不便，常用钢板焊接成型。转子由转子铁芯、转子绕组及转轴组成。转子铁芯也是电动机磁路的一部分，也是用硅钢片叠成。与定子铁芯冲片不同的是，转子铁芯冲片是在冲片的外圆上开槽，叠装后的转子铁芯外圆柱面上均匀地形成许多形状相同的槽，用以放置转子绕组。为了保证转子能在定子内自由转动，定子和转子之间必须有一间隙，称为气隙。图 2-3 所示为三相笼型异步电动机的组成部件。

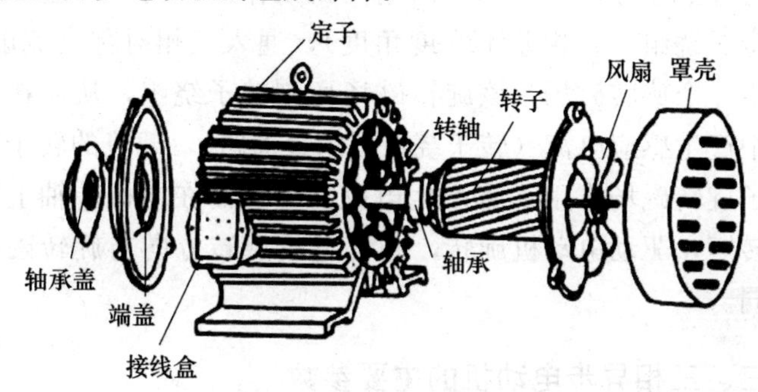


图 2-3 三相笼型异步电动机

2. 三相异步电动机基本原理

三相异步电动机是感应电动机的一种，是靠同时接入 380V 三相交流电流（相位差 120 度）供电的一类电动机，由于三相异步电动机的转子与定子旋转磁场以相同的方向、不同的转速成旋转，存在转差率，所以叫三相异步电动机。三相异步电动机转子的转速低于旋转磁场的转速，转子绕组因与磁场间存在着相对运动而产生电动势和电流，并与磁场相互作用产生电磁转矩，实现能量变换。

## 二、三相异步电动机的工作原理

当向三相定子绕组中通入对称的三相交流电时，就产生了一个以同步转速 $n_1$ 沿定子和转子内圆空间做顺时针方向旋转的旋转磁场。由于旋转磁场以 $n_1$ 转速旋转，转子导体开始时是静止的，故转子导体将切割定子旋转磁场而产生感应电动势。由于转子导体两端被短路环短接，在感应电动势的作用下，转子导体中将产生与感应电动势方向基本一致的感生电流。转子的载流导体在定子磁场中受到电磁力的作用。电磁力对转子轴产生电磁转矩，驱动转子沿着旋转磁场方向旋转。

通过上述分析可以总结出电动机工作原理为：当电动机的三相定子绕组（各相差 120 度角度），通入三相对称交流电后，将产生一个旋转磁场，该旋转磁场切割转子绕组，从而在转子绕组中产生感应电流（转子绕组是闭合通路），载流的转子导体在定子旋转磁场作用下将产生电磁力，从而在电机转轴上形成电磁转矩，驱动电动机旋转，并且电机旋转方向与旋转磁场方向相同。

## 三、三相异步电动机的主要参数

1. 额定功率 $P_N$：额定运行状态下的输出机械功率，kW。

2. 额定电压 $U_N$：额定运行状态下加在定子绕组上的线电压，V 或 kV。

3. 额定电流 $I_N$：额定电压下电动机输出额定功率时定子绕组的线电流，A。

4. 额定转速 $n_N$：电动机在额定输出功率、额定电压和额定频率下的转速，r/min。

5. 额定频率 $f_N$：电动机电源电压标准频率。我国工业电网标准频率为 50 Hz。

此外，绕线转子异步电动机还标有转子额定电势和转子额定电流。前者系指定子绕组加额定电压、转子绕组开路时两集电环之间的电势；后者系指定子电流为额定值时转子绕组的线电流。

## 四、三相异步电动机的运行与维护

1. 电动机启动前检查

(1) 电动机上和附近有无杂物和人员；

（2）电动机所拖动的机械设备是否完好；

（3）大型电动机轴承和启动装置中油位是否正常；

（4）绕线式电动机的电刷与滑环接触是否紧密；

（5）转动电动机转子或其所拖动的机械设备，检查电动机和拖动的设备转动是否正常。

2. 电动机运行中的监视与维护

（1）电动机的温升及发热情况；

（2）电动机的运行负荷电流值；

（3）电源电压的变化；

（4）三相电压和三相电流的不平衡度；

（5）电动机的振动情况；

（6）电动机运行的声音和气味；

（7）电动机的周围环境、适用条件；

（8）电刷是否冒火或其他异常现象。

## 第三节　低压电器

国际上公认的高、低压电器的分界线交流是 1kV（直流则为 1500V）。交流 1kV 以上为高压电器，1kV 及以下为低压电器。故低压电器通常指在 380/220V 电网中承担通断控制的设备。

### 一、主令电器

是用作闭合或断开控制电路，以发出指令或作程序控制的开关电器，是一种用于辅助电路的控制电器。主令电器应用广泛、种类繁多，按其作用可分为按钮、行程开关、接近开关和万能转换开关等。

1. 按钮

按钮是一种最常用的主令电器，其结构简单，应用广泛。在低压控制电路中，用于发布手动指令。

按钮从功能上可分为常开式和常闭式。从外形和操作方式可分为平钮和急停按钮，除此之外还有钥匙钮、旋钮、拉式钮、万向操纵杆式、带灯式等多种类型。如图 2-4 所示。

图 2-4　按钮

从按钮的触点动作方式可以分为直动式和微动式两种。直动式按钮，其触点动作速度与手按下的速度有关。而微动式按钮的触点动作变换速度快，和手按下的速度无关。动触点由变形簧片组成，当变形簧片受压向下运动低于平形簧片时，变形簧片迅速变形，将变形簧片触点弹向上方，实现触点瞬间动作。

小型微动式按钮也叫微动开关，微动开关还可以用于各种继电器和限位开关中，如时间继电器、压力继电器和限位开关等。

按钮一般为复位式，也有自锁式按钮，最常用的按钮为复位式平按钮，其按钮与外壳平齐，可防止异物误碰。

表 2-1　给出了按钮颜色的含义。

表 2-1 按钮颜色的含义

| 颜色 | 含义 | 举例 |
| --- | --- | --- |
| 红 | 处理事故 | 紧急停机 |
| | “停止”“断电” | 正常停机；<br>装置局部停机；<br>带有“停止”“断电”功能的复位 |
| 绿 | “启动”或“通电” | 正常启动；<br>装置的局部启动；<br>点动或缓行 |
| 黄 | 参与 | 防止意外情况；<br>参与抑制反常的状态；<br>避免不需要的变化；<br>取消预置功能 |
| 蓝 | 上述颜色未包含的任何指定意义 | 凡红、黄和绿色未包含的用意，皆可用蓝色 |
| 黑、白、灰 | 无指定意义 | 除单功能的“停止”“断电”按钮外的任何功能 |

2. 行程开关

是一种利用机械的某些运动部件的碰撞发出控制指令的主令电器，用于控制机械的运动方向、速度、行程大小或位置保护等，是一种自动控制电器。如图 2-5 所示。还有一种无触点行程开关，又称为接近开关，是一种与运动部件无机械接触而能操作的行程开关。它具有动作安全可靠，性能稳定，频率响应快，使用寿命长，抗干扰能力强，并具有防水、防震、耐腐蚀等特点。如图 2-6 所示。

图 2-5 行程开关

图 2-6　接近开关（无触点行程开关）

行程开关工作原理：当机械的运动部件撞击触杆时，触杆下移使常闭式触点断开，常开式触点闭合；当运动部件离开后，在复位弹簧的作用下，触杆回复到原位置，各触点恢复常态。

接近开关工作原理：当有金属物体接近一个以一定频率稳定振荡的高频振荡器的感应头时，由于电磁感应，该物体内部产生涡流损耗，以致振荡回路等效电阻增大，能量损耗增加，使振荡减弱直至终止，检测电路根据振荡器的工作状态控制输出电路的工作，输出信号去控制继电器或其他电器，达到控制目的。

3. 万能转换开关

万能转换开关是一种多挡位、控制多回路的组合开关，用于控制电路发布控制指令或用于远距离控制。也可作为电压表、电流表的换项开关，或作为小容量电动机的启动、调速和换向控制。如图 2-7 所示。

图 2-7　万能转换开关

万能转换开关工作原理：万能转换开关的操作过程是用手柄带动转轴和凸轮推动触头接通或断开。由于凸轮的形状不同，当手柄处在不同位置时，触头的吻合情况不同，从而达到转换电路的目的。

4. 主令控制器

主令控制器是按照预定程序转换控制电路的一种主令电器，用它在控制系统中发布命令，通过接触器/继电器来实现对电动机的启动、制动、调速和反转控制。如图 2-8 所示。

图 2-8 主令控制器

## 二、其他低压电器

1. 低压断路器

俗称空气开关或自动开关，用于低压配电电路中不频繁的通断控制，在电路发生短路、过载或欠压等故障时，能自动分断故障电路，除起控制作用外，还具有一定的保护功能。如图 2-9 所示。

图 2-9 低压断路器

断路器主要由三个基本部分组成，即触头、灭弧系统和各种脱扣器，包括过电流脱扣器、失压电压脱扣器/热脱扣器、分场脱扣器和自由脱扣器。

断路器开关是靠操作机构手动或电动合闸的，触头闭合后，自由脱扣机构将触头锁在合闸位置上。当电路发生上述故障时，通过各自的脱扣器使自由脱扣机构动作，自动跳闸以实现保护作用。分场脱扣器则作为远距离控制分断电路之用。

过电流脱扣器用于线路的短路和过电流保护，当线路的电流大于整定的电流值时，过电流脱扣器所产生的电磁力使挂钩脱扣，动触点在弹簧的拉力下迅速断开，断路器跳闸。

热脱扣器用于线路的过载保护，工作原理和热继电器相同。

失压（欠电压）脱扣器用于失压保护，失压脱扣器的线圈并联在进线端线路上，处于吸合状态时，断路器可以正常合闸：当停电或电压很低时，失压脱扣器的吸力小于弹簧的反力，弹簧使动铁芯向上使挂钩脱开，断路器跳闸。

分场脱扣器用于远距离控制分断电路之用，当在远方按下按钮时，分场脱扣器的电产生电磁力，使其脱扣跳闸。

不同断路器的保护是不同的，使用时应根据需要选用。

2. 馈电装置

馈电装置是负责向用电设备提供电源、控制、信息的装置。馈电装置的种类很多，分为有线馈电方式和无线馈电方式两大类，目前起重机中最常用的是有线馈电方式。其中有线馈电方式又分为滑触式和非滑触式两种。

（1）非滑触式馈电装置：主要采用电缆供电，不过因电缆长度限制，移动距离有限制要求。如图 2-10 所示。

图 2-10 非滑触式馈电装置

(2) 滑触式馈电装置：通过集电器与金属导体滑动接触，将导体上的电能输送给受电设备。如图 2-11 所示。

图 2-11 滑触式馈电装置

3. 遥控装置

是一种远程控制机械的装置。包含有线遥控和无线遥控装置两种。

(1) 有线遥控装置又称为悬挂式按钮盒，如图 2-12 所示，俗称"手电门"，外壳多为工程塑料制成，具有 1 速或 2 速上升和下降及向左和向右移动和启动、停止、急停功能，适用于小型慢速起重机（大车运行速度小于 40m/min）的地面操纵。

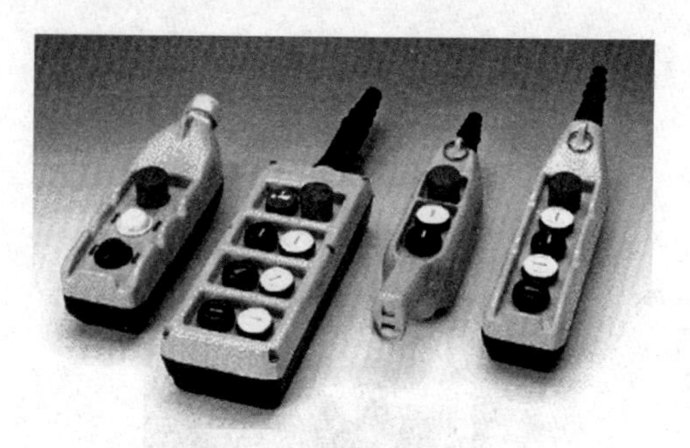

图 2-12　悬挂式按钮盒

需要注意的是，悬挂式按钮盒的急停开关也应是红色非自动复位的按钮，而很多按钮盒上只提供红色停止按钮（自动复位）。

（2）起重机无线遥控装置，如图 2-13 所示，具有可靠性高、能提高工作效率和作业准确性等优点，特别适合在高温、有毒和危险环境工作下的起重机，使操作人员能远程控制，有效保护人生安全。

图 2-13　起重机无线遥控装置

无线遥控器主要由发射器、接收器和执行机构 3 部分组成。

①发射器为便携式，具有体积小、质量轻、便于操作的特性。操作方式分按钮型和摇杆型 2 种。按钮型适用于简单的小型

起重机，操作指令为 8～21 个。摇杆型控制器适用于各类起重机，操作指令为 12～52 个。发射器是由可充电电池组来提供电源的。外壳一般用强化塑料制成，耐冲击、防水、防尘、抗油污、体积小、质量轻。

②接收器主要由天线、高频接收部件、用以处理信号的 CPU、安全回路、输出继电器板等部分组成。接收器收到操作指令后，通过放大、解调、译码及鉴别产生控制信号，输出给执行机构，控制起重机相应机构运行。

③执行机构由继电器、接触器组成，控制起重机相应机构运行。

我国机械行业标准《起重机械无线遥控装置》（JB/T 8437）对无线电遥控装置的具体要求进行了明确规定。

①无线遥控装置应具有抗同频干扰信号的能力，受同频干扰时不允许出现误操作；

②遥控装置发射机上应有红色标记的紧急断电开关，按下紧急断电开关后起重机上所有机构都不能运行且紧急断电开关不能自动复位；

③起重机上应设置明显的遥控工作指示灯；在遥控装置工作时，遥控工作指示灯能正确显示；

④当有两种操纵方式（遥控和司机室）时，遥控和司机室操纵状态应设有互锁保护；当处于一种操纵方式时（遥控/司机室），操纵对应的另一种操纵方式（司机室/遥控）应不能起作用；

⑤无线遥控装置当检测不到高频载波或收不到数据信号时，应实现被动急停功能，在 1.5s 内切断通道电源，停止起重机各机构运动。

4. 起重机通用变频器

通用变频器是应用变频技术与微电子技术，通过改变电机工作电源频率方式来控制交流电动机的电力控制设备，其外形见图2-14。变频器主要由整流器（交流变直流）、滤波、逆变器（直流变交流）、制动单元、驱动单元、检测单元、微处理单元等组成。变频器靠内部IGBT的快速通断来调整输出电源的电压和频率，根据电机的实际需要来提供其所需要的电源电压，进而达到节能、调速的目的。

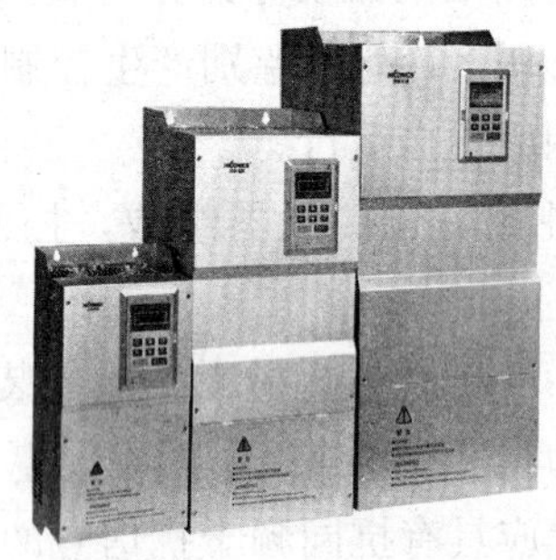

图2-14　通用变频器

起重机专用变频器的特点：通用变频器一般采用电压-频率（V/F）协调控制。但对于常规的V/F控制，电机的电压降随着电机速度的降低而相对增加，这就导致励磁不足，而使电机不能获得足够的旋转力。为了补偿这个不足，变频器需要通过提高电压来补偿电机速度降低而引起的电压降。变频器的这个功能叫做“转矩提升”。“转矩提升”功能是提高变频器的输出电压。然而即使提高很多输出电压，电动机转矩并不能和其电流相对应地提高。在低频时转矩常低于额定转矩，在5Hz以下不能带满负载工作。而在起重机使用过程中，特别是起升机构，在低速时对转矩却又有严格要求，否则会出现重物下滑、溜钩等情况，影响正常的生产作业，严重时会导致事故发生。因此起重机专用变频器通常采用“矢量控制”方式，矢量控制是将交流电动机的定子电流分解成磁场分量电流和转矩分量电流并分别加以控制的方式。矢量控制可以通过对电机端电压降的响应，进行优化补偿，在不增加电流的情况下，允许电机产出大的转矩。此功能对起升机构溜钩及低速性能有明显改善，对改善电机低速时温升也有效。新的“直接转矩控制”技术能把转矩作为控制量，直接控制转矩，是在矢量控制变频调速技术之后的一种新型的交流变频调速技术。可以实现零速时大转矩输出，进一步提高了变频器低速性能。

相比于通用变频器，起重机专用变频器还具有以下特点：较强的过载能力；稳定精确的抱闸控制；可以在高温等恶劣的环境中工作。

起重机中使用变频器的节能主要体现在三个方面：

（1）调速方式。相比于常见的转子串电阻调速方式，变频器能通过直接改变电源的频率来改变转速，而不需要将电能浪费在外接的电阻上，电能利用率高。

（2）降低结构自重。用变频器驱动的电机启动加速平稳，可以降低起重机各个机构工作时的冲击，有利于起重机结构的优化设计，降低结构自重。对运行电动机来说，自重的减少则可以降低电动机的功率。

（3）能量回馈。电动机在运行减速制动或重物下降中有可能处于发电状态，此时变频器可以通过自身或者是外接能量回馈装置将电能反馈回电网。但是如果变频器自身逆变装置或者是能量回馈装置本身存在质量问题，回馈电网的电能往往带有高频谐波分量，反而会“污染”电网。因此近些年起重行业更多采用的是共直流母线系统。

简单来说，共直流母线系统就是将几台变频器合并，通过直流母线相连。合并后可能是由共用 1 个整流装置和各逆变器组成，也可能是多个变频器直流母线连接后共用 1 个制动单元等多种形式。采用共直流母线系统的好处是当有 1 个或多个逆变器处于制动发电状态时，制动能返回共直流母线后，能被其他逆变器所利用，从而节约能量，也不会影响电网质量。

5. 可编程控制器（PLC）

是种专门为在工业环境下应用而设计的数字运算操作电子系统。它采用一种可编程的存储器，在其内部存储执行逻辑运算、顺序控制、定时、计数和算术运算等操作指令，通过数字式或模拟式的输入输出来控制各种类型的机械设备或生产过程。如图2-15所示为PLC的外形。

图2-15 PLC外形

PLC的特点：

（1）可靠性高，抗干扰能力强。PLC由于采用现代大规模集成电路技术，开关动作是由无触点的半导体电路来完成，加上采用严格的生产工艺制造，内部电路采取了先进的抗干扰技术，具有很高的可靠性。使用PLC构成控制系统，和同等规模的继电接触器系统相比，电气接线及开关接点已减少到数百甚至数千分之一，故障也就大大降低。此外，PLC带有硬件故障自我检测功能，出现故障时可及时发出警报信息。在应用软件中，应用者还可以编入外围器件的故障自诊断程序，使系统中除PLC以外的电路及设备也获得故障自诊断保护。这样，整个系统具有极高的可靠性也就不奇怪了。

（2）应用灵活，适用性强。PLC发展到今天，已经形成了大、中、小各种规模的系列化产品，以用于各种规模的工业控制场合。除了逻辑处理功能以外，现代PLC大多具有完善的数据运算能力，可用于各种数字控制领域。加上PLC通信能力的增强及人机界面技术的发展，使用 PLC 组成各种控制系统变得非常容易，用户可以根据自己的需求灵活选择，以满足各种控制要求。

（3）易学易用，编程方便。PLC 作为通用工业控制计算机，是面向工矿企业的工控设备。其采用的梯形图语言的图形符号与表达方式和继电器电路图相当接近，只用 PLC 的少量逻辑控制指令就可以方便地实现继电器电路的功能，深受工程技术人员欢迎。

（4）功能强，扩展性好。现代 PLC 具有数字和模拟量输入输出、逻辑和算术运算、定时、计数、顺序控制、功率驱动、通信、人机对话、自检、记录和显示功能，使设备水平大大提高。同时具有各种扩充单元，可以方便地适应不同工业控制需要的不同输入输出点及不同输入输出方式的系统。

（5）系统开发周期短，维护方便，容易改造。PLC 用存储逻辑代替接线逻辑，大大减少了控制设备外部的接线，使控制系统设计及建造的周期大为缩短，同时维护也变得容易起来。另外 PLC 有完善的自我诊断及监控功能，便于工作人员查找故障原因。更重要的是使相同设备经过改变程序改变生产过程成为可能，很适合多品种、小批量的生产场合。

（6）体积小，质量轻，能耗低。由于 PLC 采用了半导体集成电路，体积小、质量轻、结构紧凑、功耗低，并由于具备很强的抗干扰能力，使之容易装入机械内部，是实现机电一体化的理想控制设备。继电接触器控制使用机械开关、继电器和接触器，价格比较低。而 PLC 使用中大规模集成电路，价格比较高。但如果考虑日后的系统功能变更或升级，PLC 具有较高的性价比。

从以上几个方面的比较可知，PLC 在性能上比继电接触器控制优异，特别是可靠性高，设计施工周期短，调试方便，而且体积小，功耗低，使用维护方便，但价格高于继电接触器控制系统。从整个系统的性能价格比而言，PLC 具有很大的优势。

PLC的基本组成：图2-16是PLC硬件基本组成框图，由图可以看出PLC主机由CPU模块、输入/输出单元模块、电源模块、存储器及接口单元组成。而整个PLC系统则是有PLC主机、I/O扩 展模块和各种外部设备，通过各自接口联成一体。

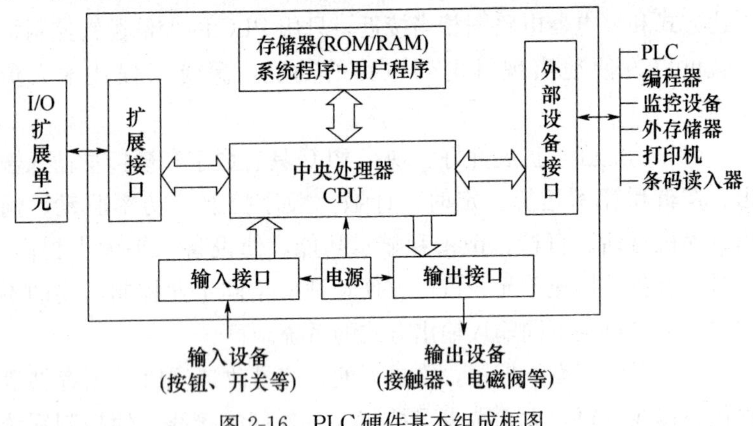


图2-16 PLC硬件基本组成框图

①CPU模块：和微型计算机样，CPU模块也是PLC的核心，它不断地采集输入信号，执行用户程序，刷新系统的存储器用来储存程序和数据等。

②输入输出单元模块：输入/输出单元通常也称I/O单元或I/O模块，是PLC与工业生产现场之间的连接部件。PLC通过输入接口可以检测被控对象的各种数据，以这些数据作为PLC对被控制对象进行控制的依据；同时PLC又通过输出接口将处理结果送给被控制对象，以实现控制目的。

③电源模块：PLC对供电电源要求不高，一般允许电源电压在其额定值±15％的范围内波动。其内部配有开关电源，以供内部电路使用。许多PLC还向外提供直流24V稳压电源，用于为外部传感器供电。

④存储器：存储器主要有两种：一种是可读/写操作的随机

存储器 RAM，另一种是只读存储器 ROM、PROM、EPROM、EEPROM 和 FLASHROM。在 PLC 中，存储器主要用于存放系统程序、用户程序及工作数据。

PLC 的基本工作原理：PLC 采用循环顺序扫描的工作方式。

其工作过程的特点是：

①每次扫描过程。集中对输入信号进行采样，集中对输出信号进行刷新。

②输入刷新过程。当输入端口关闭时，程序在进行执行阶段时，输入端有新状态，新状态不能被读入。只有程序进行下一次扫描时，新状态才被读入。

③一个扫描周期分为输入采样、程序执行、输出刷新。

④元件映像寄存器的内容是随着程序的执行变化而变化的。

⑤扫描周期的长短由 CPU 执行指令的速度、指令本身占有的时间和指令条数 3 条决定。

⑥由于采用集中采样、集中输出的方式，存在输入/输出滞后的现象，即输入/输出响应延迟。PLC 采用的这种周期循环扫描，集中输入与输出的工作方式可以提高可靠性，增强抗干扰能力。但也存在速度较慢、响应滞后的特点。可以说，PLC 是用降低速度来保障高可靠性。

PLC 的特殊要求：尽管 PLC 具有可靠性高、抗干扰能力强的特点，但是毕竟是将硬件电路转化为了软件程序。如果执行中程序出现异常，则会导致意外发生，尤其是某些涉及安全的功能。因此起重机相关标准《机械安全机械电气设备第 32 部分：起重机械技术条件》GB5226.2—2002 对此作出了规定，要求起重机的急停功能以及安全保护的连锁信号（如极限限位、超速等）应由硬件线路实现，而不依赖 PLC。当然，这些关键控制点可以采用软硬件的双重互锁设计，进一步提高系统的整体可靠性。

## 第四节　电气保护

由于目前各标准和安全技术规范对起重机械电气保护的规定不尽相同，因此本节主要对《起重机械安全规程第 1 部分：总则》（GB6067. 1—2010）进行介绍，同时对《机械安全机械电气设备第 32 部分：起重机械技术条件》（GB 5226. 2—2002）、《起重机设计规范》（GB/T 3811—2008）简要讲解。

### 一、电动机的保护

《起重机械安全规程第 1 部分：总则》（GB6067. 1-2010）8. 1 电动机的保护：

电动机应具有如下一种或一种以上的保护功能，具体选用应按电动机及其控制方式确定：

（1）瞬动或反时限动作的过电流保护，其瞬时动作电流整定值应约为电动机最大启动电流的 1. 25 倍；

（2）在电动机内设置热传感元件；

（3）热过载保护。

《机械安全机械电气设备第 32 部分：起重机械技术条件》（GB5226. 2—2002）7. 3 电动机的过载保护是这样规定的：

额定功率超过 2kW 的电动机应配备电动机过载保护，额定功率低于 2kW 的电动机则推荐配备电动机过载保护。在不能自动切断电动机运行的场合（如消防泵），应由过载检测装置为操作人员发出一个能令其作出反应的警告信号。对于不会过载的电动机（如力矩电动机、受机械过载保护器件保护或受运动尺度限定的运动驱动装置），可省去过载保护器件。电动机的过载保护可用过载保护器、温度传感器或电流限制装置等器件来实现。

## 二、线路保护

《起重机械安全规程第 1 部分：总则》（GB6067.1-2010）8.2 线路保护：

所有线路都应具有短路或接地引起的过电流保护功能，在线路发生短路或接地时，瞬时保护装置应能分断线路。对于导线截面较小、外部线路较长的控制线路或辅助线路，当预计接地电流达不到瞬时脱扣电流值时，应增设热脱扣功能，以保证导线不会因接地而引起绝缘烧损。

1. 错相和缺相保护

《起重机械安全规程 第 1 部分：总则》（GB6067.1-2010）8.3 错相和缺相保护：

当错相和缺相会引起危险时，应设错相和缺相保护。

《机械安全机械电气设备第 32 部分：起重机械技术条件》（GB5226.2-2002）7.8 相序的保护：如果电源电压的相序错误会引起危险情况或损坏起重机械，则应提供相序保护。

2. 零位保护

《起重机械安全规程第 1 部分：总则》（GB6067.1-2010）8.4 零位保护：

起重机各传动机构应设有零位保护。运行中若因故障或失压停止运行后，重新恢复供电时，机构不得自行动作，应人为将控制器置回零位后，机构才能重新启动。

3. 失压保护

《起重机械安全规程 第 1 部分：总则》（GB6067.1-2010）8.5 失压保护：

当起重机供电电源中断后，凡涉及安全或不宜自动开启的用电设备均应处于断电状态，避免恢复供电后用电设备自动运行。

《机械安全机械电气设备 第 32 部分：起重机械技术条件》

（GB5226.2-2002）7.5 对电源中断或电压下降随后复原的保护：

电源中断或电压下降会引起危险情况时，例如损坏起重机械或载荷，则应在预定的电压值下提供欠压保护（如断开起重机械电源）。对于手动控制的起重机械，可不用欠压保护。

若起重机械的运行允许电压短时中断或下降，则可配置带延时的欠压保护器件。欠压保护器件的工作不应妨碍起重机械的任何停车控制的操作。

4. 电动机定子异常失电保护

《起重机械安全规程　第 1 部分：总则》（GB6067.1-2010）8.6 电动机定子异常失电保护：起升机构电动机应设置定子异常失电保护功能，当调速装置或正反向接触器故障导致电动机失控时，制动器应立即上闸。

《起重机设计规范》（GB/T 3811-2008）7.4.6 电动机定子异常失电保护：

起重机构电动机应设置定子异常失电保护功能，当调速装置或正反向接触器故障导致电动机失控时，制动器应立即上闸。

5. 超速保护

《起重机械安全规程第 1 部分：总则》（GB6067.1-2010）8.7 超速保护：

对于重要的、负载超速会引起危险的起升机构和非平衡式变幅机构应设置超速开关。超速开关的整定值取决于控制系统性能和额定下降速度，通常为额定速度的 1.25～1.4 倍。

6. 接地与防雷

《起重机械安全规程第 1 部分：总则》（GB6067. 1-2010）8.8 接地与防雷：

8.8.1　交流供电起重机电源应采用三相（3Φ＋PE）供电方式。设计者应根据不同电网采用不同型式的接地故障保护，并由用户负责实施。接地故障保护应符合《低压配电设计规范》（GB

50054—2011）的有关规定。

8.8.2 起重机械本体的金属结构应与供电线路的保护导线可靠连接。起重机械的钢轨可连接到保护接地电路上。但是，它们不能取代从电源到起重机械的保护导线（如电缆、集电导线或滑触线）。司机室与起重机本体接地点之间应用双保护导线连接。

8.8.3 起重机械所有电气设备外壳、金属导线管、金属支架及金属线槽均应根据配电网情况进行可靠接地（保护接地或保护接零）。

8.8.4 严禁用起重机械金属结构和接地线作为载流零线（电气系统电压为安全电压除外）。

8.8.5 在每个引入电源点，外部保护导线端子应使用字母PE来标明。其他位置的保护导线端子应使用图示符号“⏚”或用字母PE，或用黄/绿双色组合标记。

8.8.6 保护导线只用颜色标识时，应在导线全长上使用黄/绿双色组合。如果保护导线能容易地按其形状、位置或结构（如编织导线）识别，或者绝缘导线难以购到，则不必在导线全长上使用颜色代码。但应在端头或易接近部位上清楚地标明图示符号“⏚”或黄/绿双色组合标记。

8.8.7 对于安装在野外且相对周围地面处在较高位置的起重机，应考虑避免雷击对其高位部件和人员造成损坏和伤害，特别是如下情况：

易遭雷击的结构件（例如：臂架的支承缆索）；

连接大部件之间的滚动轴承和车轮（例如：支承回转大轴承、运行车轮轴承）；

为保证人身安全起重机运行轨道应可靠接地。

8.8.8 对于保护接零系统，起重机械的重复接地或防雷接地的接地电阻不大于10Ω。对于保护接地系统的接地电阻不大于4Ω。

7. 绝缘电阻

《起重机械安全规程　第 1 部分：总则》（GB6067. 1-2010）8. 9 绝缘电阻：

对于电网电压不大于 1000V 时，在电路与裸露导电部件之间施加 500V 时测得的绝缘电阻不应小于 1MΩ。

对于不能承受所规定的测试电压的元件（如半导体元件、电容器等），试验时应将其短接。试验后，被试电器进行外观检查，应无影响继续使用的变化。

8. 照明与信号

《起重机械安全规程　第 1 部分：总则》（GB6067. 1-2010）8. 10 照明与信号：

8. 10. 1　每台起重机的照明回路的进线侧应从起重机械电源侧单独供电，当切断 6. 2. 1 所述起重机械总电源开关时，工作照明不应断电。各种工作照明均应设短路保护。

8. 10. 2　当室外起重机总高度大于 30 m 时，且周围无高于起重机械顶尖的建筑物和其他设施，两台起重机械之间有可能相碰，或起重机械及其结构妨碍空运或水运，应在其端部装设红色障碍灯。灯的电源不应受起重机停机影响而断电。

8. 10. 3　起重机应有指示总电源分合状况的信号，必要时还应设置故障信号或报警信号。信号指示应设置在司机或有关人员视力、听力可及的地点。

# 第三章 机械基础知识

## 第一节 机械基础概述

### 一、机器

机器基本上都是由原动部分、工作部分和传动部分组成的。

原动部分是机器动力的来源。常用的原动机有电机、内燃机、空气压缩机等。工作部分是完成机器预定的动作，处于整个传动的终端，其结构形式主要取决于机器本身的用途。传动部分是把原动部分的运动和动力传递给工作部分的中间环节。

下列属于机械传动的有：齿轮传动、蜗轮蜗杆传动、带传动、链传动。

机器通常有以下三个共同的特征：

①机器是由许多构件组合而成。

②机器中的构件之间具有确定的相对运动。

③机器可以用来代替人的劳动，完成有用的机械功或者实现能量转换。

### 二、机构

通常把具有确定相对运动构件的组合称为机构。

机构和机器的区别是机构的主要功用在于传递或转变运动的形式，而机器的主要功用是为了利用机械能做功或实现能量转换。

## 三、机械

是机器和机构的总称。

## 四、运动副

使两物体直接接触而又能产生一定相对运动的连接，称为运动副，如图 3-1 所示。运动副分为低副和高副。

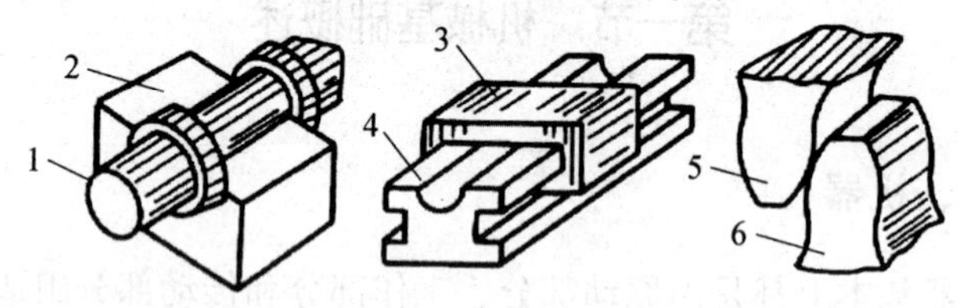


1—轴；2—轴承；3—滑块；4—导轨；5—轮齿；6—轮齿

图 3-1　运动副

1. 低副

是指两构件之间做面接触的运动副，分为转动副、移动副、螺旋副。

（1）转动副：指两构件在接触处只允许做相对转动，如由轴和轴承之间组成的运动副。

（2）移动副：指两构件在接触处只允许做相对移动，如由滑块与导轨组成的运动副。

（3）螺旋副：指两构件在接触处只允许做一定关系的转动和移动的复合运动，如丝杠与螺母组成的运动副。

2. 高副

是两构件之间做点或线接触的运动副。

（1）滚轮副：如由滚轮和轨道组成的运动副。

（2）凸轮副：如凸轮与从动杆组成的运动副。

（3）齿轮副：如由两齿轮轮齿的啮合组成的运动副。

## 五、齿轮传动

由齿轮副组成的传递运动和动力的一套装置，所谓齿轮副是由两个相啮合的齿轮组成的基本结构。

齿轮齿条传动在塔式起重机、施工升降机、物料提升机中得到广泛应用。

1. 齿轮传动比

就是主动齿轮与从动齿轮之比，与其齿数呈反比。若两齿轮的旋转方向相同，规定传动比为正；若两齿轮的旋转方向相反，规定传动比为负。

2. 模数

是齿轮几何尺寸计算中最基本的一个参数。对于相同齿数的齿轮，模数越大，齿轮的几何尺寸越大，齿轮越大，承载能力也越大。

齿轮形状是由齿数、模数、压力角三个因素决定的。

3. 齿轮传动的特点

（1）齿轮传动之所以得到广泛应用，是因为它具有以下优点：

①传动效率高，一般为95%～98%，最高可达99%；

②结构紧凑、体积小，与带传动相比，外形尺寸大大减小，它的小齿轮与轴做成一体时直径只有50mm左右；

③工作可靠，使用寿命长；

④传动比固定不变，传递运动准确可靠；

⑤能实现平行轴间、相交轴间及空间相错轴间的多种传动。

（2）齿轮传动的缺点

①制造齿轮需要专门的机床、刀具和量具，工艺要求较严，对制造的精度要求高，因此成本较高；

②齿轮传动一般不宜承受剧烈的冲击和过载；

③不宜用于中心距较大的场合。

4. 齿轮传动的分类

（1）直齿圆柱齿轮传动：啮合条件是两齿轮的模数和压力角分别相等，如图 3-2 所示。

图 3-2　直齿圆柱齿轮传动

（2）斜齿圆柱齿轮传动：斜齿圆柱齿轮传动和直齿圆柱齿轮传动一样，仅限于传动两平行轴之间的运动；齿轮承载能力强，传动平稳，可以得到更加紧凑的结构，但在运转时会产生轴向推力，如图 3-3 所示。

图 3-3　斜齿圆柱齿轮传动

（3）齿条传动：主要用于把齿轮的旋转运动变为齿条的直线往复运动，或把齿条的直线往复运动变为齿轮的旋转运动，如图 3-4 所示。

图 3-4　齿条传动

齿轮传动的分类还可分为开式、半开式和闭式三种：

①开式齿轮传动的齿轮外露，容易受到尘土侵袭，润滑不良，轮齿容易磨损，多用于低速传动和工作要求不高的场合。

②半开式齿轮传动装有简易防护罩，有时还浸入油池中，这样可较好地防止灰尘侵入。由于磨损仍比较严重，所以一般只用于低速传动的场合。

③闭式齿轮传动是将齿轮安装在刚性良好的密闭壳体内，并将齿轮浸入一定深度的润滑油中，以保证有良好的工作条件，适用于中速及高速传动的场合。

## 六、蜗杆传动

是一种常用的大传动比机械传动，广泛应用于机床、仪器、起重运输机械及建筑机械中。蜗杆传动由蜗杆和蜗轮组成，传递两交错轴之间的运动和动力，一般以蜗杆为主动件，蜗轮为从动件，如图 3-5 所示。通常，工程中所用的蜗杆是阿基米德蜗杆，它的外形很像一根具有梯形螺纹的螺杆，其轴向截面类似于直线齿廓的齿条。蜗杆有左旋、右旋之分，一般为右旋。

蜗杆传动的主要特点是工作平稳、噪声小，蜗杆螺旋角小时可具有自锁作用。但传动效率低，价格比较昂贵。

蜗杆传动的主要特点是：

图 3-5　蜗杆传动

（1）传动比大，结构紧凑，体积小，质量轻；

（2）工作平稳，噪声小；

（3）具有自锁功能，当蜗杆的螺旋升角很小时（一般为单头蜗杆），无论在蜗轮上加多大的力都不能使蜗杆传动，而只能由蜗杆带动蜗轮转动。

（4）传动的效率低，一般认为蜗杆传动比齿轮传动效率低。尤其是具有自锁性的蜗杆传动，其效率在 0.5 以下，一般效率只有 0.7～0.9；

（5）发热量大，齿面容易磨损，成本高。

## 七、带传动

是由主动轮、从动轮和传动带组成，靠带与带轮之间的摩擦力来传递运动和动力的，如图 3-6 所示。

图 3-6　带传动

带传动的特点：

（1）由于传动带具有良好的弹性，所以能缓和冲击、吸收振动、传动平稳、无噪声。但因带传动存在滑动现象，所以不能保证恒定的传动比。

（2）传动带与带轮是通过摩擦力传递运动和动力的。因此过载时，传动带在轮缘上会打滑，从而可以避免其他零件的损坏，起到安全保护的作用，但传动效率较低，带的使用寿命短；轴、轴承承受的压力较大。

（3）适宜用在两轴中心距较大的场合，但外廓尺寸较大。

（4）结构简单、制造、安装、维护方便，成本低，但不适用于高温、有易燃易爆物品的场合。

## 八、键销连接

1. 键连接

键连接是由零件的轮毂、轴和键组成，在各种机器上有很多转动零件，如齿轮、带轮、蜗轮、凸轮等，这些轮毂和轴大多数采用平键连接或花键连接。键连接是一种应用很广泛的可拆连接，主要用于轴与轴上零件的周向相对固定，以传递运动或转矩。

（1）平键连接。平键连接装配时先将键放入轴的键槽中，然后推上零件的轮毂，构成平键连接，如图 3-7 所示。平键连接时，键的上顶面与轮毂键槽的底面之间留有间隙，而键的两侧面与轴、轮毂键槽的侧面配合紧密，工作时依靠键和键槽侧面的挤压来传递运动和转矩，因此平键的侧面为工作面。

图 3-7　平键连接

平键连接由于结构简单、装拆方便和对中性好，因此获得广泛应用。

（2）花键连接。在使用一个平键不能满足轴所传递的扭矩的要求时，可采用花键连接。花键连接由花键轴与花键套构成，如图 3-8 所示。花键连接常用于传递大扭矩、要求有良好的导向性和对中性的场合。花键的齿形有矩形、三角形及渐开线齿形三种。矩形键加工方便，应用较广。

图 3-8　花键连接

（3）半圆键连接。半圆键的上表面为平面，下表面为半圆形弧面，两侧面互相平行。半圆键连接也是靠两侧工作面传递转矩的，如图 3-9 所示。其特点是能自动适应零件轮毂槽底的倾斜，使键受力均匀，主要用于轴端传递转矩不大的场合。

图 3-9　半圆键连接

2. 销连接

销连接用来固定零件间的相互位置，构成可拆连接，也可用于轴和轮毂或其他零件的连接以传递较小的载荷，有时还用作安全装置中的过载剪切元件。销是标准件，其基本形式有圆柱销和圆锥销两种。

（1）圆柱销连接不宜经常装拆，否则，会降低定位精度或连接的紧固性，如图 3-10 所示。

图 3-10 圆柱销

（2）圆锥销有 1∶50 的锥度，小头直径为标准值。圆锥销易于安装，定位精度高于圆柱销，如图 3-11 所示。圆柱销和圆锥销孔均需铰制，铰制的圆柱销孔直径有四种不同配合精度，可根据使用要求选择。

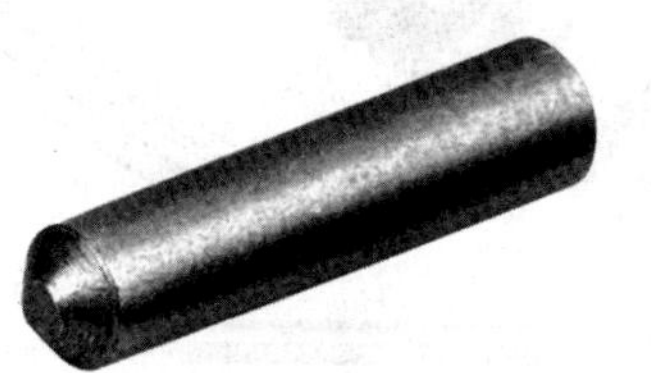

图 3-11 圆锥销

销的类型按工作要求选择。用于连接的销，可根据连接的结构特点按经验确定直径，必要时再做强度校核；定位销一般不受载荷或受很小载荷，其直径按结构确定，数目不得少于两个；安全销直径按销的剪切强度进行计算。

## 九、轴

轴是组成运动单元最基本的和主要的零件，一切做旋转运动的传动零件，都必须安装在轴上才能实现旋转和传递动力。

1. 轴的分类

（1）按照轴所受载荷不同，可将轴分为心轴、转轴和传动轴三类。

①心轴：通常指只承受弯矩而不承受转矩的轴。常见的有车辆的车轮轴、滑轮轴、吊钩心轴等。

②转轴：既受弯矩又受转矩的轴。常见的转轴有翻盖手机转轴、笔记本电脑转轴等。

③传动轴：只受转矩不受弯矩或受很小弯矩的轴，多见于汽车传动系统中。

（2）按照轴的轴线形状不同，可以把轴分为曲轴和直轴两大类。曲轴可以将旋转运动改变为往复直线运动或者做相反的运动转换。直轴应用最为广泛，直轴按照其外形不同，可分为光轴和阶梯轴两种，如图 3-12 所示。

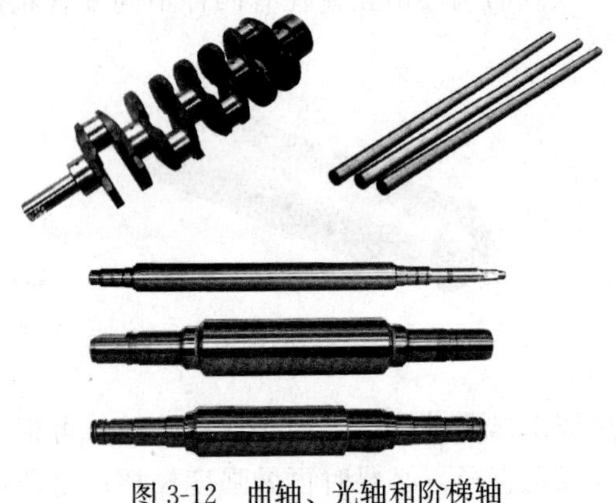

图 3-12　曲轴、光轴和阶梯轴

2. 轴固定

轴上零件的固定可分为周向固定和轴向固定，如图 3-13 所示。

（1）周向固定是指不允许轴与零件发生相对转动的固定。

周向固定常用的方法有楔键连接、平键连接、花键连接和过

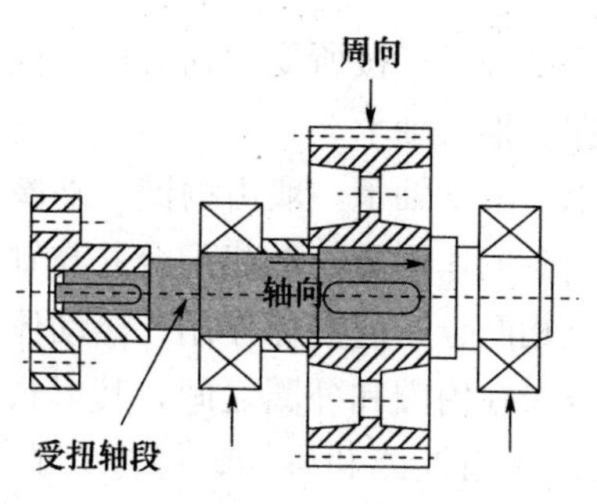


图 3-13　周向固定和轴向固定

盈配合连接。

①楔键连接：不适用于高速、精密的机械，只适用于低速轴上零件的连接；

②花键连接：常用于传递大扭矩、要求有良好的导向性和对中性的场合；

③过盈配合：连接的特点是轴的实际尺寸比孔实际尺寸大，安装时利用打入、压入、热套等方法将轮毂装在轴上，通常用于有振动、冲击和不需要经常装拆的场合。

(2) 轴向固定是指既受弯矩又受转矩的轴固定，不允许轴与零件发生相对的轴向移动的固定。

常用的固定方法有轴肩、螺母、定位套筒和弹性挡圈等。

①轴肩：用于单方向的轴向固定；

②螺母：轴端或轴向力较大时可用螺母固定。为防止螺母松动，可采用双螺母或带翅垫圈；

③定位套筒：一般用于两个零件间距离较小的场合；

④弹性挡圈（卡环）：当轴向力较小时，可采用弹性挡圈进行轴向定位，具有结构简单、紧凑等特点。

3. 轴承

是用于支承轴颈的部件，它能保证轴的旋转精度，减小转动时轴与支承间的摩擦和磨损。根据工作时摩擦性质不同，轴承可分为滑动轴承和滚动轴承；按所受载荷方向不同，可分为向心轴承、推力轴承和向心推力轴承。

（1）滚动轴承：滚动轴承一般由内圈、外圈、滚动体和保持架四部分组成，内圈的作用是与轴相配合并与轴一起旋转；外圈的作用是与轴承座相配合，起支撑作用；滚动体是借助于保持架均匀地将滚动体分布在内圈和外圈之间，其形状大小和数量直接影响着滚动轴承的使用性能和寿命；保持架能使滚动体均匀分布，引导滚动体旋转，起润滑作用，如图 3-14 所示。

图 3-14　滚动轴承

滚动轴承具有以下特点：

①摩擦阻力小，启动快，效率高；

②滚动轴承的宽度小，可使机器轴向尺寸小，结构紧凑；

③运转精度，径向游隙比较小，并可用预紧完全消除；

④冷却、润滑装置结构简单、维护保养方便；

⑤不需要用有色金属，对轴的材料和热处理要求不高；

⑥滚动轴承为标准化产品，统一设计、制造、大批量生产、成本低；

⑦点、线接触，缓冲、吸振性能较差，承载能力低，寿命低、易点蚀。

（2）滑动轴承：滑动轴承一般由轴承座、轴瓦（或轴套）、润滑装置和密封装置等部分组成，如图 3-15 所示。

图 3-15　滑动轴承

滑动轴承具有以下特点：

①滑动轴承工作平稳、可靠、无噪声；

②在液体润滑条件下，滑动表面被润滑油分开而不发生直接接触，还可以大大减小摩擦损失和表面磨损，油膜还具有一定的吸振能力；

③启动摩擦阻力较大。

## 十、联轴器

是用来连接不同机构中的两根轴（主动轴和从动轴）使之共同旋转以传递扭矩的机械零件。

常用的联轴器可分为刚性联轴器、弹性联轴器和安全联轴器三类。

1. 刚性联轴器

刚性联轴器是通过若干刚性零件将两轴连接在一起，可分为固定式（图 3-16）和可移式（图 3-17）两种。固定式刚性联轴器，虽然不具有补偿性能，但有结构简单、制造容易、不需维护、成本低等特点，仍有其应用范围。可移式刚性联轴器具有补偿两轴相对位移的能力。

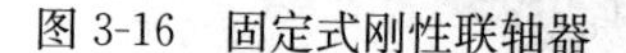

图 3-16　固定式刚性联轴器　　图 3-17　可移动式十字滑块联轴器

2. 弹性联轴器

弹性联轴器种类繁多，它具有缓冲吸振、可补偿较大的轴向位移、微量的径向位移和角位移的特点，用在正反向变化多、启动频繁的高速轴上。图 3-18 所示是一种常见的弹性联轴器。

图 3-18　弹性联轴器

## 十一、制动器

用于机构或机器减速或使其停止的装置，是各类起重机械不可缺少的组成部分，它既是起重机的控制装置，又是安全装置。

1. 工作原理

制动器摩擦副中的一组与固定机架相连，另一组与机构转动轴相连。当摩擦副接触压紧时，产生制动作用；当摩擦副分离时，制动作用解除，机构可以运动。

2. 制动器的分类

（1）制动器一般常用的是带式制动器、块式制动器和盘式（锥式）制动器。

①带式制动器是利用制动带与制动轮之间产生的摩擦力达到

制动的目的，如图 3-19 所示。带式制动器机构简单，包角大，可产生比较大的制动力矩，调节容易，应用广泛。缺点是被制动的轴受到单方向压力。

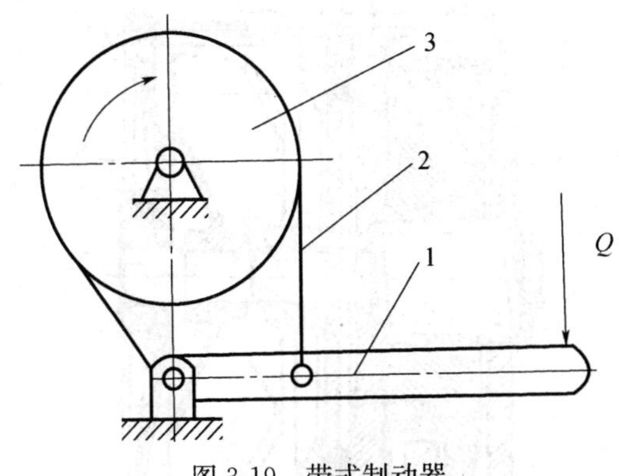


图 3-19　带式制动器

②块式制动器是靠制动块压紧在制动轮上实现制动的制动器。利用两个对称布置的制动瓦块，在径向抱紧制动轮而产生制动力矩，使之达到制动的目的，如图 3-20 所示。

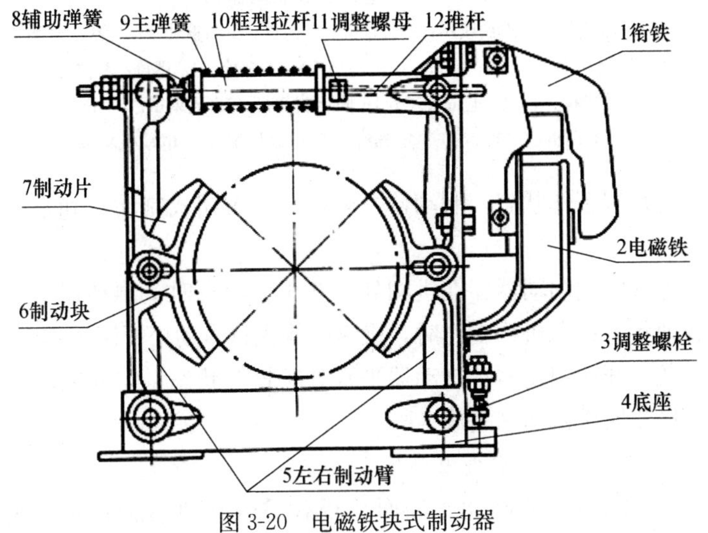


图 3-20　电磁铁块式制动器

③盘式与锥式制动器是带有摩擦衬料的盘式和锥式金属盘，在轴向互相贴紧而实现制动的制动器，如图3-21所示

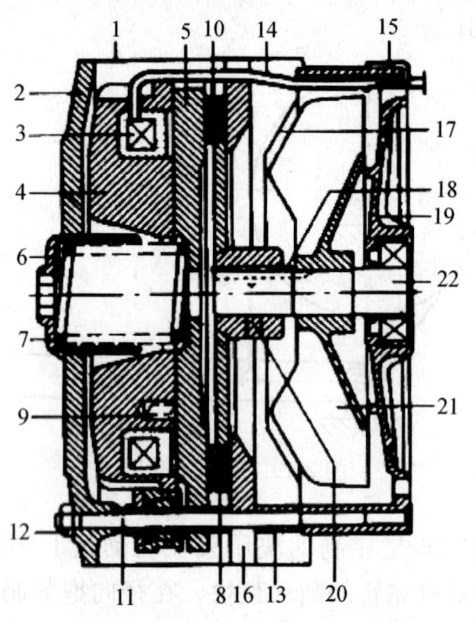


图3-21　电磁盘式制动器

1-防护罩；2-端架；3-磁铁线圈；4-磁铁架；5-衔铁；6-调整轴套；7-制动器弹簧；8-可转制动盘；9-压缩弹簧；10-止动垫片；11-螺栓；12-螺母；13-垫圈；14-线圈电缆；15-电缆夹子；16-固定制动盘；17-风扇罩；18-键；19-电动机后端罩；20-紧定螺钉；21-电动风扇；22-电动机主轴

（2）按工作状态，制动器一般可分为常闭式制动器和常开式制动器。

①常闭式制动器：在机构处于非工作状态时，制动器处于闭合制动状态；在机构工作时，操纵机构先行自动松开制动器。

②常开式制动器：制动器平常处于松开状态，需要制动时通过机械或液压机构来完成。

3．制动器安全检查重点

（1）制动轮的制动摩擦面是否有妨碍制动性能的缺陷或有

油污；

（2）制动带或制动瓦块的摩擦材料的磨损程度；

（3）制动带或制动瓦块与制动轮的实际接触面积，不应小于理论接触面积的70％；

（4）制动器不得出现过热现象；

（5）控制制动器的操纵部位（如踏板、操纵手柄等）应有防滑性能。

4. 制动器的报废

（1）可见裂纹；

（2）制动块摩擦衬垫磨损量达原厚度的50％；

（3）制动轮表面磨损量达1.5～2mm；

（4）弹簧出现塑性变形；

（5）电磁铁杠杆系统空行程超过其额定行程的10％。

## 第二节　常用起重工具和设备

### 一、钢丝绳

1. 钢丝绳简介

钢丝绳是将力学性能和几何尺寸符合要求的钢丝按照一定的规则捻制在一起的螺旋状钢丝束，钢丝绳由钢丝、绳芯及润滑脂组成。如图3-22所示。钢丝绳是先由多层钢丝捻成股，再以绳芯为中心，由一定数量股捻绕成螺旋状的绳。

图3-22　钢丝绳基本结构

（1）钢丝：钢丝绳起到承受载荷的作用，其性能主要由钢丝决定。钢丝是碳素钢或合金钢通过冷拉或冷轧而成的圆形（或异型）丝材，具有很高的强度和韧性，并根据使用环境条件的不同对钢丝进行表面处理。

（2）绳芯：是用来增加钢丝绳弹性和韧性，润滑钢丝，减轻摩擦，提高使用寿命的。

设置绳芯的主要目的是为了增加挠性与弹性，通常在钢丝绳的中心都设置一绳芯，如果为了钢丝绳的挠性与弹性更好，还应在每一股中再增加一股绳芯，此时的绳芯应选用纤维芯。在绕制钢丝绳时，将绳芯浸入一定量的防腐、防锈润滑油，钢丝绳工作时润滑油将浸入各钢丝之间，还可以起到润滑、减少摩擦及防腐等作用。为了增强钢丝绳的抗挤压能力，可在钢丝绳中心设置一个钢芯，以便提高钢丝绳的横向抗挤压能力。

（3）股：通常是由一定形状和尺寸钢丝绕一中心沿相同方向捻制一层或多层的螺旋状结构。

2. 钢丝绳的分类

（1）钢丝绳按捻制方向分为同向捻（顺绕）、交互捻（交绕）、混合捻和多层股不旋转钢丝绳。如图 3-23 所示。

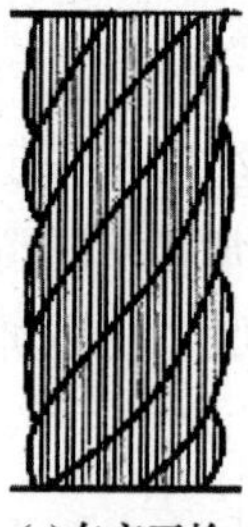
(a)右交互捻

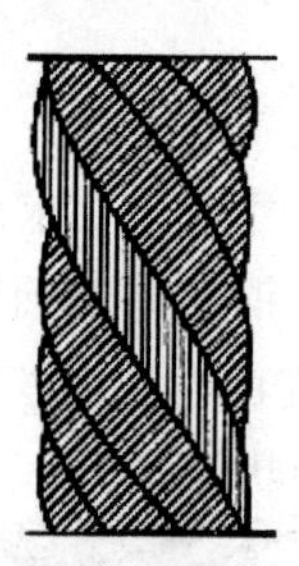
(b)左交互捻

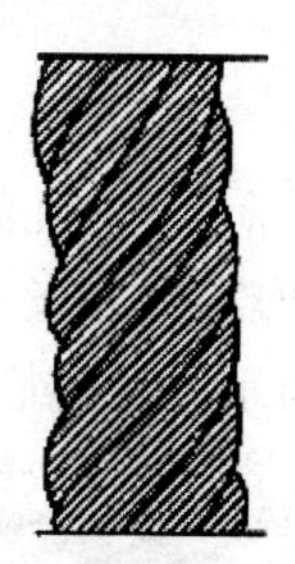
(c)右同向捻

(d)左同向捻

图 3-23　钢丝绳捻制方向

(e)左混合捻　　(f)右混合捻

(g)多层股不旋转钢丝绳

图 3-23　钢丝绳捻制方向（续）

在卷筒上穿绕钢丝绳时，必须注意检查钢丝绳的捻向。穿绕钢丝绳时，起升钢丝绳的捻向必须与起升卷筒上的钢丝绳绕向相反。

①同向捻（顺绕）：由钢丝绳捻制成股，股捻制成绳的捻向相同。这种绳挠性好，使用寿命长，但容易打结、松散和扭转，适用于经常保持张紧状态的牵引绳。

②交互捻（交绕）：股和绳的捻向相反。由于钢丝间的接触交叉，挠性较差，寿命较短，但没有扭转，克服了顺绕绳容易松散的缺点，常用于起升机构。

③混合捻：由两种相反绕向的股捻成的钢丝绳。半数股左旋，半数股右旋，性能介于上述两者之间，但制造复杂，应用

较少。

④多层股不旋转钢丝绳：是由内外相邻层股在钢丝绳中以相反方向捻制而成，在承受拉力时具有较好的低旋转性。较多用于起升高度较大的起升机构。

（2）钢丝绳按绳芯种类分为纤维芯、石棉芯和金属芯。

①纤维芯：通常是用剑麻、棉纱等纤维制成，并用防腐、防锈润滑油浸透。纤维芯能促使钢丝绳具有良好的挠性和弹性，润滑油能使钢丝绳得到润滑、防锈、防腐作用。但纤维芯钢丝绳不适合在高温环境中工作，也不适宜在承受横向压力情况下工作。它主要用于常温下的缠绕绳和捆绑绳。

②石棉芯：是用石棉纤维制成，并用防腐、防锈润滑油浸透。石棉芯钢丝绳和纤维芯钢丝绳具有同样良好的挠性、弹性及润滑性，同时又具有耐高温性，适用于高温、烘烤环境中的冶金起重机缠绕绳。

③金属芯：是用软钢丝或软钢绳股制成，由于金属芯强度高，抵抗横向挤压能力强，因而它适用于多层缠绕的起重设备。如卷扬机、汽车起重机的缠绕装置；由于强度高，也适用于特重级高温环境下的冶金起重机使用。金属芯钢丝绳的挠性和弹性均不如纤维芯钢丝绳，除了用于多层缠绕、高温环境之外，多用于起重设备的张紧绳或支持绳。

（3）钢丝绳按钢丝的接触状态分为点接触、线接触和面接触钢丝绳，如图 3-24 所示。

①点接触钢丝绳（普通型）：采用等直径钢丝捻制。由于各层钢丝的捻距不等，各层钢丝与钢丝间形成点接触。受载时单丝之间的交叉部位因单丝相互摩擦，有使钢丝绳受损严重的缺点，容易磨损、折断，寿命较短。优点是制造工艺简单、价格低廉。点接触钢丝绳常作为起重作业的捆绑吊索，起重机的工作机构也有采用，如图 3-25 所示。

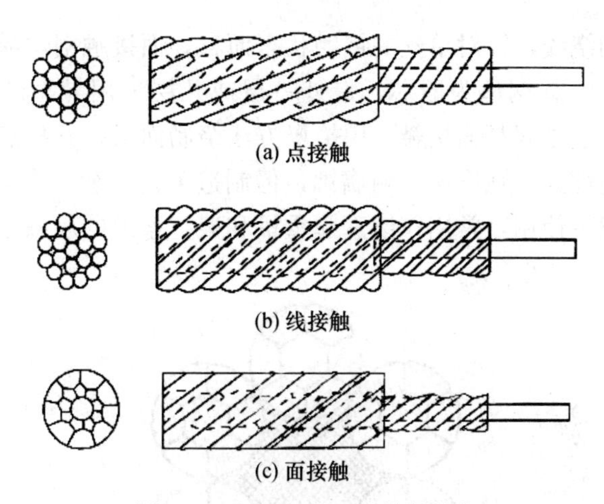
(a) 点接触

(b) 线接触

(c) 面接触

图 3-24　钢丝绳钢丝的接触状态

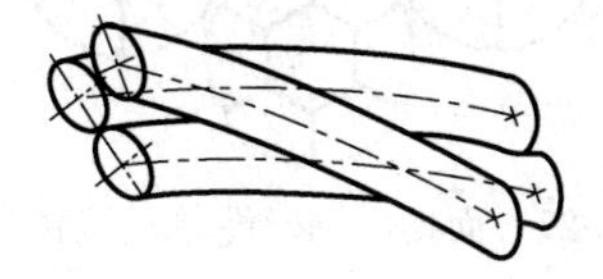

图 3-25　点接触钢丝绳单丝接触状态

②线接触钢丝绳：采用直径不等的钢丝捻制。将内外层钢丝适当配置，使不同层钢丝与钢丝间形成线接触，减小弯曲和内部摩擦，使受载时钢丝的接触应力降低。线接触绳承载力高、挠性好、寿命较长。常用的线接触钢丝绳有西尔型（外粗型）、瓦林吞型（粗细型）；填充型（密集型）等。起重机设计规范推荐，在起重机的工作机构中优先采用线接触钢丝绳，如图 3-26 所示。

图 3-26　线接触钢丝绳单丝接触状态

③面接触钢丝绳（密封型）：钢丝绳从点接触钢丝绳发展到

面接触的绕线，针对单丝的接触状态而言，面接触钢丝绳最为理想。通常以圆钢丝为股芯，最外一层或几层采用异型断面的钢丝，层与层之间是面接触，用挤压方法绕制而成。其特点是表面光滑、挠性好、强度高、耐腐蚀，但制造工艺复杂，价格高，起重机上很少使用，常用作缆索起重机和架空索道的承载索，如图3-27所示。

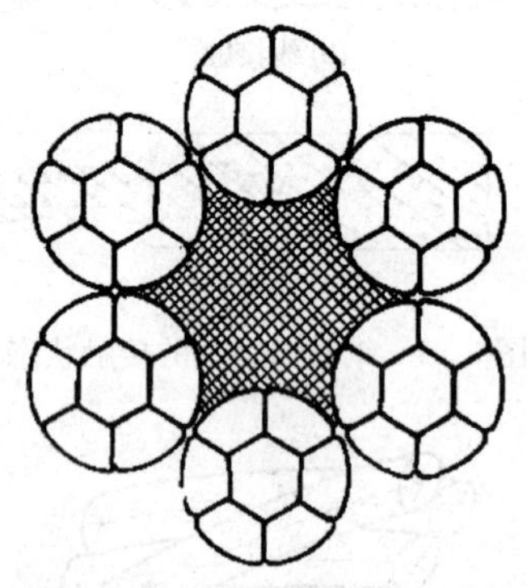

图 3-27　面接触钢丝绳单丝接触状态

3. 钢丝绳的主要参数

（1）钢丝绳直径：钢丝绳的大小用“公称直径”描述，是钢丝绳外接圆的直径。

钢丝绳实际直径的测量需要使用合适的测量仪器，即宽度游标卡尺。游标卡尺的宽度必须跨越不少于相邻两股，测量时应选在钢丝绳绳端 15m 外的直线部位且至少相距 1m 的两截面上进行，且在每个点的相互垂直方向上测量两个直径。四个测量结果的平均值作为钢丝绳的实测直径，如图 3-28 所示。

（2）捻距：是指在捻股或合绳时，钢丝围绕股芯或绳股围绕绳芯旋转一周的起止点间的直线距离。单股钢丝绳的外层钢丝、多股钢丝绳的外层股或缆式钢丝绳的单元钢丝绳围绕钢丝绳轴线旋转一周（或螺旋）且平行于钢丝绳轴线的对应两点间的距离，如图 3-29 所示。

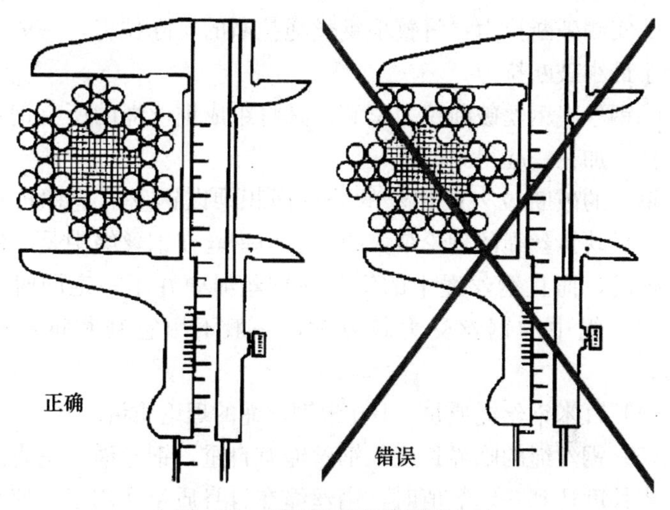


图 3-28 钢丝绳直径的测量方法

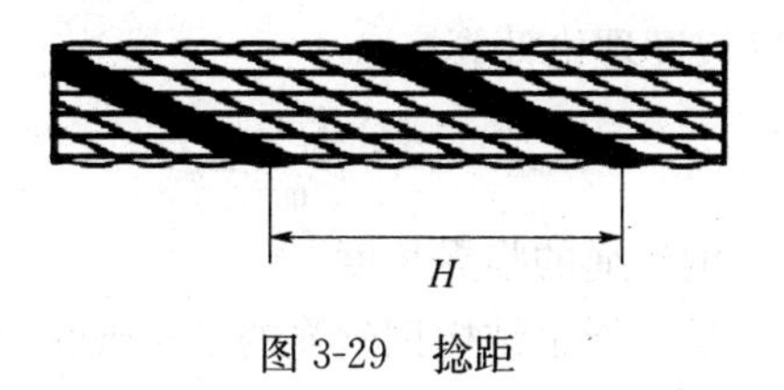


图 3-29 捻距

（3）钢丝绳破断拉力

①最小破断拉力：将整根钢丝绳拉断的理论拉力。

钢丝绳最小破断拉力理论计算：

$$F_0 = \frac{K'D^2\sigma_0}{1000}$$

式中 $F_0$——钢丝绳最小破断拉力，kN；

$D$——钢丝绳的公称直径，mm；

$K'$——某一指定结构钢丝绳的最小破断拉力系数，$K$ 值见相关钢丝绳标准或资料；

$\sigma_0$——钢丝的公称抗拉强度，MPa。

②实测破断拉力：将整根钢丝绳拉断的实际拉力，一般大于或等于最小破断拉力。

③钢丝绳钢丝破断拉力总和：是将组成钢丝绳的所有钢丝的破断拉力加在一起得到的。

钢丝的破断拉力按钢丝的公称面积乘以钢丝的公称抗拉强度，是反映钢丝绳的理论最大拉力。但钢丝在钢丝绳中是二次螺旋变形的，而且钢丝绳中的钢丝在钢丝绳中并不一定同时承受力，钢丝绳中的钢丝受力较复杂，一般不用它判断钢丝绳的受力。

（4）百米钢丝绳质量：100 米钢丝绳的理论质量。

（5）钢丝绳的临界长度：钢丝绳有自重，钢丝绳在垂直悬挂时，当长度达到一定数值时，钢丝绳在自身质量作用下，便会产生断裂，钢丝绳这种断裂的最小长度称为临界长度。

钢丝绳临界长度理论计算：

$$L_{max}=10\cdot\frac{K'}{K_P}\cdot R_0$$

式中 $L_{max}$——钢丝绳的临界长度，m；

$K'$——某一指定结构钢丝绳的最小破断拉力系数，$K$ 值见相关钢丝绳标准或资料；

$K_P$——单位长度钢丝绳的质量系数，$kg/100m\cdot mm^2$

$R_0$——钢丝的公称抗拉强度，$N/mm^2$（MPa）。

（6）安全系数：在钢丝绳受力计算和选择钢丝绳时，考虑到钢丝绳受力不均、负荷不准确、计算方法不精确和使用环境复杂等一系列不利因素，应给予钢丝绳一个储备能力。

一般情况钢丝绳的安全系数按以下要求计算：

①用于缆风绳的钢丝绳的安全系数应为 3.5；

②用于机动起重设备的钢丝绳的安全系数应为 5～6；

③用于吊索、无弯曲时的钢丝绳的安全系数应为 6～7；

④用于载人的升降机的钢丝绳的安全系数应为 14。

4. 钢丝绳的固定与连接

(1) 常用的方式有：编结法如图 3-30（a）所示；绳卡固定法如图 3-30（b）所示；铝合金压套法如图 3-30（c）所示；楔块、楔套连接如图 3-30（d）所示；锥形套浇铸法如图 3-30（e）所示。

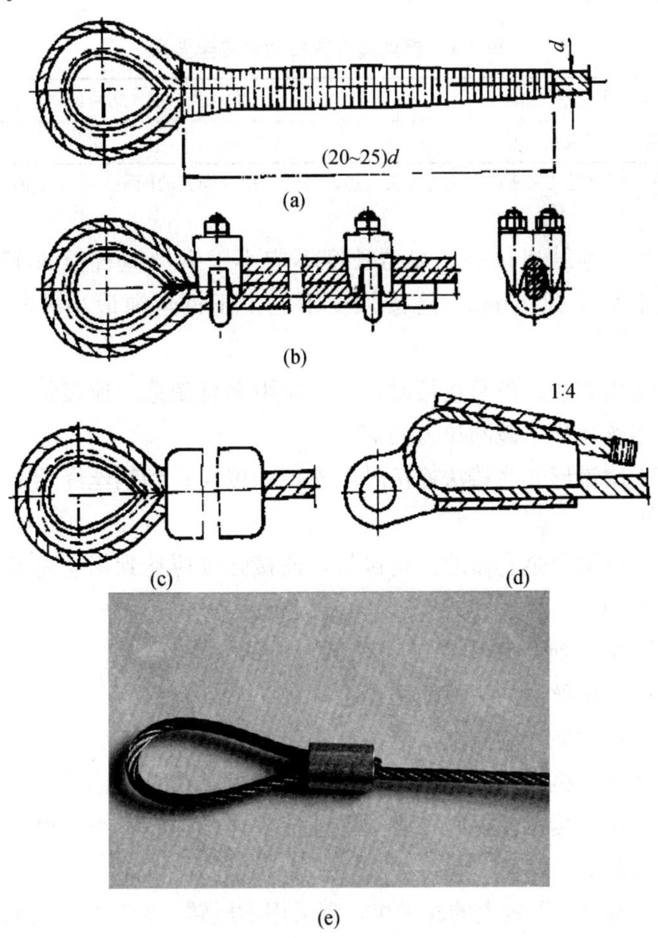


图 3-30　钢丝绳的固定与连接

按照《起重机械安全规程 第1部分：总则》（GB/T 6067.1-2010）的要求，钢丝绳端部的固定和连接应符合如下要求：

①用绳夹连接时，应满足表3-1的要求，同时应保证连接强度不小于钢丝绳最小破断拉力的85%。表3-1为钢丝绳夹连接时的安全要求：

**表3-1 钢丝绳夹连接时的安全要求**

| 钢丝绳公称直径/mm | ≤19 | 19~32 | 32~38 | 38~44 | 44~60 |
|---|---|---|---|---|---|
| 钢丝绳夹最少数量/组 | 3 | 4 | 5 | 6 | 7 |

注：钢丝绳夹夹座应在受力绳头一边，每两个钢丝绳夹的间距不应小于钢丝绳直径的6倍。

②用编结连接时，编结长度不应小于钢丝绳直径的15倍，并且不小于300 mm。连接强度不应小于钢丝绳最小破断拉力的75%。

③用楔块、楔套连接时，楔套应用钢材制造。连接强度不应小于钢丝绳最小破断拉力的75%。

④用锥形套浇铸法连接时，连接强度应达到钢丝绳的最小破断拉力。

⑤用铝合金套压缩法连接时，连接强度应达到钢丝绳最小破断拉力的90%。

5. 钢丝绳的使用要求

（1）钢丝绳的一般使用要求

①钢丝绳在卷筒上，应按顺序整齐排列；

②起升机构和变幅机构，不得使用编结接长的钢丝绳。使用其他方法连接钢丝绳时，必须保证接头连接强度不小于钢丝绳破断拉力的90%；

③起升高度较大的起重机，宜采用不旋转、无松散倾向的钢丝绳。采用其他钢丝绳时，应有防止钢丝绳和吊具旋转的装置或措施；

④当吊钩处于工作位置低点时，钢丝绳在卷筒上的缠绕，除

固定绳尾的圈数外，必须不少于3圈；

⑤吊运熔化或炽热金属的钢丝绳，应采用石棉芯等耐高温的钢丝绳；

⑥安装钢丝绳时，不应在不洁净的地方拖线，也不应缠绕在其他的物体上，应防止划、磨、碾、压和过度弯曲；

⑦钢丝绳应保持良好的润滑状态。所用润滑剂应符合该绳的要求，并且不影响外观检查。润滑时应特别注意不易看到和润滑剂不易渗透到的部位；

⑧对日常使用的钢丝绳每天都应进行检查，包括对端部的固定连接，平衡滑轮处的检查，并做出安全性的判断；

⑨钢丝绳的润滑。对钢丝绳定期进行系统润滑，可保证钢丝绳的性能，延长使用寿命。润滑之前，应将钢丝绳表面上积存的污垢和铁锈清除干净，最好是用镀锌钢丝刷将钢丝绳表面刷净。钢丝绳表面越干净，润滑油脂就越容易渗透到钢丝绳内部去，效果就越好。

（2）起重吊装作业中，捆绑钢丝绳时，必须注意的事项如下：

①吊绳间的夹角越大，张力越大，单根吊绳的受力也越大；反之，吊绳的受力越小。吊绳间夹角小于60°为最佳，夹角不允许超过120°。

②捆绑方形物体起吊时，吊绳间的夹角有可能达到170°左右，此时，钢丝绳受到的拉力会达到所吊物体质量的5～6倍。120°可以看做是起重吊运中的极限角度。

③绑扎时吊索的捆绑方式也影响其安全起重量，在进行绑扎吊索的强度计算时，其安全系数应取大一些。

如果吊绳间有夹角，在计算吊绳安全载荷的时候，应根据夹角的不同，分别再乘以折减系数。

④钢丝绳的起重能力不仅与起吊钢丝绳之间的间距有关，而且与捆绑时钢丝绳曲率半径有关。

一般钢丝绳的曲率半径大于绳径6倍以上，起重能力不受影响。

当曲率半径为绳径的 5 倍时，起重能力降至原起重能力的 85%。

当曲率半径为绳径的 4 倍时，起重能力降至原起重能力的 80%。

当曲率半径为绳径的 3 倍时，起重能力降至原起重能力的 75%。

当曲率半径为绳径的 2 倍时，起重能力降至原起重能力的 65%。

当曲率半径为绳径的 1 倍时，起重能力降至原起重能力的 50%。

6. 钢丝绳的报废

只要发现钢丝绳的劣化速度有明显的变化，就应对其原因展开调查，并尽可能地采取纠正措施。情况严重时，主管人员可以决定报废钢丝绳或修正报废基准，例如减少允许可见断丝数量。

在某些情况下，超长钢丝绳中相对较短的区段出现劣化，如果受影响的区段能够按要求移除，并且余下的长度能够满足工作要求，主管人员可以决定不报废整根钢丝绳。

（1）可见断丝：不同种类可见断丝的报废基准应符合表 3-2～表 3-6 的规定。

**表 3-2 可见断丝报废基准**

| 序号 | 可见断丝的种类 | 报废基准 |
| --- | --- | --- |
| 1 | 断丝随机地分布在单层缠绕的钢丝绳经过一个或多个钢制滑轮的区段和进出卷筒的区段，或者多层缠绕的钢丝绳位于交叉重叠区域的区段 | 单层和平行捻密实钢丝绳见表 3-3，阻旋转钢丝绳见表 3-4 |
| 2 | 在不进出卷筒的钢丝绳区段出现的呈局部聚集状态的断丝 | 如果局部聚集集中在一个或两个相邻的绳股，即使 $6d$ 长度范围内的断丝数低于表 3-3 和表 3-4 的规定值，也要报废钢丝绳 |

续表

| 序号 | 可见断丝的种类 | 报废基准 |
|---|---|---|
| 3 | 股沟断丝 | 在一个钢丝绳捻距（大约为 $6d$ 的长度）内出现两个或更多断丝 |
| 4 | 绳端固定装置处的断丝 | 两个或更多断丝 |

**表 3-3　单层股钢丝绳和平行捻密实钢丝绳中达到报废程度的最少可见断丝数**

| 钢丝绳类别编号 RCN | 外层股中承载钢丝的总数[a] $n$ | 可见外部断丝的数量[b] | | | | | |
|---|---|---|---|---|---|---|---|
| | | 在钢制滑轮上工作和/或单层缠绕在卷筒上的钢丝绳区段（钢丝断裂随机分布） | | | | 多层缠绕在卷筒上的钢丝绳区段[c] | |
| | | 工作级别 M1～M4 或未知级别[d] | | | | 所有工作级别 | |
| | | 交互捻 | | 同向捻 | | 交互捻和同向捻 | |
| | | 6d[e] 长度范围内 | 30d[e] 长度范围内 | 6d[e] 长度范围内 | 30d[e] 长度范围内 | 6d[e] 长度范围内 | 30d[e] 长度范围内 |
| 01 | $n≤50$ | 2 | 4 | 1 | 2 | 4 | 8 |
| 02 | $51≤n≤75$ | 3 | 6 | 2 | 3 | 6 | 12 |
| 03 | $76≤n≤100$ | 4 | 8 | 2 | 4 | 8 | 16 |
| 04 | $101≤n≤120$ | 5 | 10 | 2 | 5 | 10 | 20 |
| 05 | $121≤n≤140$ | 6 | 11 | 3 | 6 | 12 | 22 |
| 06 | $141≤n≤160$ | 6 | 13 | 3 | 6 | 12 | 26 |
| 07 | $161≤n≤180$ | 7 | 14 | 4 | 7 | 14 | 28 |
| 08 | $181≤n≤200$ | 8 | 16 | 4 | 8 | 16 | 32 |
| 09 | $201≤n≤220$ | 9 | 18 | 4 | 9 | 18 | 36 |
| 10 | $221≤n≤240$ | 10 | 19 | 5 | 10 | 20 | 38 |
| 11 | $241≤n≤260$ | 10 | 21 | 5 | 10 | 20 | 42 |
| 12 | $261≤n≤280$ | 11 | 22 | 6 | 11 | 22 | 44 |
| 13 | $281≤n≤300$ | 12 | 24 | 6 | 12 | 24 | 48 |
| 14 | $n>300$ | $0.04n$ | $0.08n$ | $0.02n$ | $0.04n$ | $0.08n$ | $0.16n$ |

续表

| 钢丝绳类别编号RCN | 外层股中承载钢丝的总数[a] $n$ | 可见外部断丝的数量[b] | | | | | |
|---|---|---|---|---|---|---|---|
| | | 在钢制滑轮上工作和/或单层缠绕在卷筒上的钢丝绳区段（钢丝断裂随机分布） | | | | 多层缠绕在卷筒上的钢丝绳区段[c] | |
| | | 工作级别 M1～M4 或未知级别[d] | | | | 所有工作级别 | |
| | | 交互捻 | | 同向捻 | | 交互捻和同向捻 | |
| | | 6d[e]长度范围内 | 30d[e]长度范围内 | 6d[e]长度范围内 | 30d[e]长度范围内 | 6d[e]长度范围内 | 30d[e]长度范围内 |
| 注：对于外股为西鲁式结构且每股的钢丝数≤19 的钢丝绳（例如 6×19Seale），在表中的取值位置为其“外层股中承载钢丝总数 所在行之上的第二行 | | | | | | | |

[a] 在标准中，填充钢丝不作为承载钢丝，因而不包括在 $n$ 值之中。

[b] 一根断丝有两个断头（按一根断丝计数）。

[c] 这些数值适用于交叉重叠区域和由于钢丝绳偏角影响的缠绕绳圈之间干涉引起的劣化（不适用于只在滑轮上工作而不在卷筒上缠绕的区段）。

[d] 机构的工作级别为 M5～M8 时，断丝数可取表中数值的两倍。

[e] $d$——钢丝绳公称直径。

**表 3-4 阻旋转钢丝绳中达到报废程度的最少可见断丝数**

| 钢丝绳类别编号 RCN | 钢丝绳外层股数和外层股中承载钢丝总数[a] $n$ | 可见断丝数量[b] | | | |
|---|---|---|---|---|---|
| | | 在钢制滑轮上工作和/或单层缠绕在卷筒上的钢丝绳区段 | | 多层缠绕在卷筒上的钢丝绳区段[c] | |
| | | $6d$[d]长度范围内 | $30d$[d]长度范围内 | $6d$[d]长度范围内 | $30d$[d]长度范围内 |
| 21 | 4 股 $n \leqslant 100$ | 2 | 4 | 2 | 4 |
| 22 | 3 股或 4 股 $n \geqslant 100$ | 2 | 4 | 4 | 8 |

续表

| 钢丝绳类别编号 RCN | 钢丝绳外层股数和外层股中承载钢丝总数[a] n | 可见断丝数量[b] | | | |
|---|---|---|---|---|---|
| | | 在钢制滑轮上工作和/或单层缠绕在卷筒上的钢丝绳区段 | | 多层缠绕在卷筒上的钢丝绳区段[c] | |
| | | $6d$[d] 长度范围内 | $30d$[d] 长度范围内 | $6d$[d] 长度范围内 | $30d$[d] 长度范围内 |
| 23－1 | $71 \leqslant n \leqslant 100$ | 2 | 4 | 4 | 8 |
| 23－2 | $101 \leqslant n \leqslant 120$ | 3 | 5 | 5 | 10 |
| 23－3 | $121 \leqslant n \leqslant 140$ | 3 | 5 | 6 | 11 |
| 24 | $141 \leqslant n \leqslant 160$ | 3 | 6 | 6 | 13 |
| 25 | $161 \leqslant n \leqslant 180$ | 4 | 7 | 7 | 14 |
| 26 | $181 \leqslant n \leqslant 200$ | 4 | 8 | 8 | 16 |
| 27 | $201 \leqslant n \leqslant 220$ | 4 | 9 | 9 | 18 |
| 28 | $221 \leqslant n \leqslant 240$ | 5 | 10 | 10 | 19 |
| 29 | $241 \leqslant n \leqslant 260$ | 5 | 10 | 10 | 21 |
| 30 | $261 \leqslant n \leqslant 280$ | 6 | 11 | 11 | 22 |
| 31 | $281 \leqslant n \leqslant 300$ | 6 | 12 | 12 | 24 |
| 32 | $n > 300$ | 6 | 12 | 12 | 24 |

注：对于外股为西鲁式结构且每股的钢丝数≤19 的钢丝绳（例如 18×19Seale－WSC），在表中的取值位置为其“外层股中承载钢丝总数”所在行之上的第二行。

[a] 在标准中，填充钢丝不作为承载钢丝，因而不包括在 $n$ 值之中。

[b] 一根断丝有两个断头（按一根断丝计数）。

[c] 这些数值适用于交叉重叠区域和由于钢丝绳偏角影响的缠绕绳圈之间干涉引起的劣化（不适用于只在滑轮上工作而不在卷筒上缠绕的区段）。

[d] $d$——钢丝绳公称直径。

非工作原因导致的断丝：运输、贮存、装卸、安装、制造等原因可能导致个别钢丝断裂。这种独立的断丝现象不是由工作过程中的劣化引起的，在检查钢丝绳断丝时通常不将这种断丝计算在内。发现这种断丝应进行记录，可为将来的检验提供帮助。如果这种断丝的端部从钢丝绳内伸出，可能会导致某种潜在的局部劣化，应将其去除。

（2）钢丝绳直径的减小

①沿钢丝绳长度等值减小：在卷筒上单层缠绕和/或经过钢制滑轮的钢丝绳区段，直径等值减小的报废基准值见表 3-5 中的报废选项。

**表 3-5　直径等值减小的报废基准——单层缠绕卷筒和钢制滑轮上的钢丝绳**

| 钢丝绳类型 | 直径的等值减小量 $Q$（用公称直径的百分比表示） | 严重程度分级 | |
|---|---|---|---|
| | | 程度 | % |
| 纤维芯单层股钢丝绳 | $Q<6\%$ | — | 0 |
| | $6\%\leqslant Q<7\%$ | 轻度 | 20 |
| | $7\%\leqslant Q<8\%$ | 中度 | 40 |
| | $8\%\leqslant Q<9\%$ | 重度 | 60 |
| | $9\%\leqslant Q<10\%$ | 严重 | 80 |
| | $Q\geqslant 10\%$ | 报废 | 100 |
| 钢芯单层股钢丝绳或平行捻密实钢丝绳 | $Q<3.5\%$ | — | 0 |
| | $3.5\%\leqslant Q<4.5\%$ | 轻度 | 20 |
| | $4.5\%\leqslant Q<5.5\%$ | 中度 | 40 |
| | $5.5\%\leqslant Q<6.5\%$ | 重度 | 60 |
| | $6.5\%\leqslant Q<7.5\%$ | 严重 | 80 |
| | $Q\geqslant 7.5\%$ | 报废 | 100 |
| 阻旋转钢丝绳 | $Q<1\%$ | — | 0 |
| | $1\%\leqslant Q<2\%$ | 轻度 | 20 |
| | $2\%\leqslant Q<3\%$ | 中度 | 40 |
| | $3\%\leqslant Q<4\%$ | 重度 | 60 |
| | $4\%\leqslant Q<5\%$ | 严重 | 80 |
| | $Q\geqslant 5\%$ | 报废 | 100 |

②局部减小：如果发现直径有明显的局部减小，如由绳芯或钢丝绳中心区损伤导致的直径局部减小，应报废该钢丝绳。

（3）断股：如果钢丝绳发生整股断裂，则应立即报废。

（4）腐蚀：报废基准和腐蚀严重程度分级见表 3-6，评估腐蚀范围时，重要的是区分钢丝腐蚀和由于外来颗粒氧化而产生的钢丝绳表面腐蚀之间的差异。

**表 3-6　腐蚀报废基准和严重程度分级**

| 腐蚀类型 | 状态 | 严重程度分级 |
| --- | --- | --- |
| 外部腐蚀 | 表面存在氧化迹象，但能够擦净<br>钢丝表面手感粗糙<br>钢丝表面重度凹痕以及钢丝松弛[a] | 浅表——0%<br>重度——60%[b]<br>报废——100% |
| 内部腐蚀 | 内部腐蚀的明显可见迹象——腐蚀碎屑从外绳股之间的股沟溢出[c] | 报废——100%或如果主管人员认为可行，则进行内部检验 |
| 摩擦腐蚀 | 摩擦腐蚀过程为：干燥钢丝和绳股之间的持续摩擦产生钢质微粒的移动，然后是氧化，并产生形态为干粉（类似红铁粉）状的内部腐蚀碎屑 | 对此类迹象特征宜作进一步探查，若仍对其严重性存在怀疑，宜将钢丝绳报废（100%） |

a 对其他中间状态 宜对其严重程度分级做出评估（即在综合影响中所起的作用）。
b 镀锌钢丝的氧化也会导致钢丝表面手感粗糙，但是总体状况可能不如非镀锌钢丝严重。在这种情况下，检验人员可以考虑将表中所给严重程度分级降低一级作为其在综合影响中所起的作用。
c 虽然对内部腐蚀的评估是主观的，但如果对内部腐蚀的严重程度有怀疑，就宜将钢丝绳报废。

注：内部腐蚀或摩擦腐蚀能够导致直径增大

（5）畸形和损伤

总则：钢丝绳失去正常形状而产生的可见形状畸变都属于畸形。畸形通常发生在局部，会导致畸形区的钢丝绳内部应力分布不均匀。畸形和损伤会以多种方式表现出来。只要钢丝绳的自身状态被认为是危险的，就应立即报废。

①波浪形：在任何条件下，只要出现以下情况之一，钢丝绳就应报废（图 3-31）；

a. 在从未经过、绕进滑轮或缠绕在卷筒上的钢丝绳直线区段上，直尺和螺旋面下侧之间的间隙 $g \geqslant 1/3 \times d$。

b. 在经过滑轮或缠绕在卷筒上的钢丝绳区段上，直尺和螺旋

面下侧之间的间隙 $g \geqslant 1/10 \times d$。

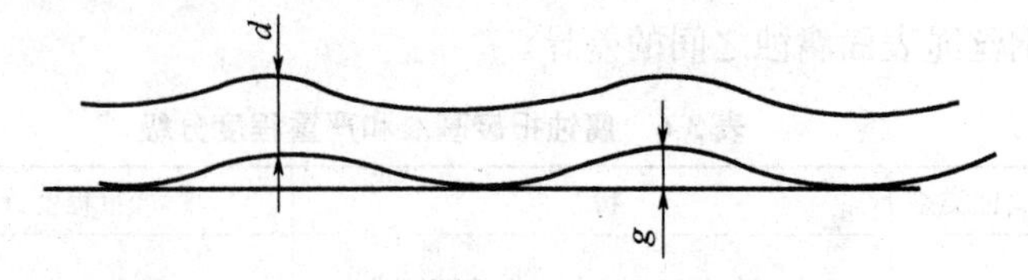


说明：
$d$——钢丝绳公称直径；
$g$——间隙。

图 3-31　波浪形钢丝绳

②笼状畸形：出现篮形或灯笼状畸形（图 3-32）的钢丝绳应立即报废，或者将受影响的区段去掉，但应保证余下的钢丝绳能够满足使用要求。

图 3-32　笼状畸形

③绳芯或绳股突出或扭曲：发生绳芯或绳股突出（图 3-33）的钢丝绳应立即报废，或者将受影响的区段去掉，但应保证余下的钢丝绳能够满足使用要求。

(a)

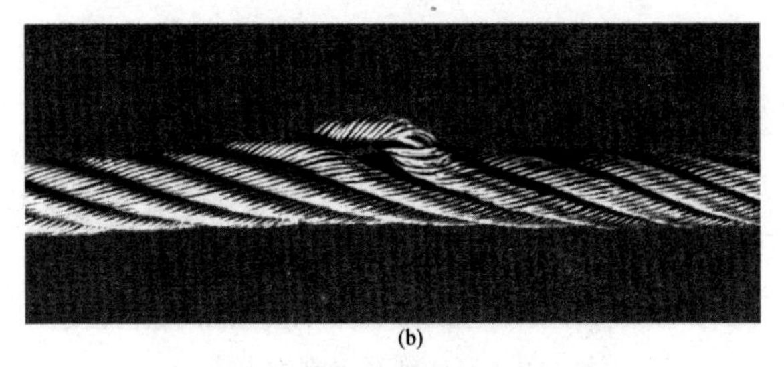

(b)

图 3-33　绳芯或绳股突出或扭曲

注：这是篮形或灯笼状畸形的一种特殊类型，其表征为股芯或钢丝绳外层股之间中心部分的突出，或者外层股或股芯的突出。

④钢丝的环状突出：钢丝突出通常成组出现在钢丝绳与滑轮槽接触面的背面，发生钢丝突出的钢丝绳应立即报废（图 3-34）。

图 3-34　钢丝的环状突出

注：钢丝绳外层股之间突出的单根绳芯钢丝，如果能够除掉或在工作时不会影响钢丝绳的其他部分，可以不必将其作为报废钢丝绳的理由。

⑤绳径局部增大：钢芯钢丝绳直径增大 5%及以上，纤维芯钢丝绳直径增大 10%及以上，应查明其原因并考虑报废钢丝绳（图 3-35）。

注，钢丝绳直径增大可能会影响到相当长的钢丝绳。例如纤维绳芯吸收了过多的潮气膨胀引起的直径增大，会使外层绳股受

图 3-35　绳径局部增大

力不均衡而不能保持正确的旋向。

⑥局部扁平：钢丝绳的扁平区段经过滑轮时，可能会加速劣化并出现断丝。此时，不必根据扁平程度就可考虑报废钢丝绳（图 3-36）。

在标准索具中的钢丝绳扁平区段可能会比正常绳段遭受更大程度的腐蚀，尤其是当外层绳股散开使湿气进入时。如果继续使用，就应对其进行更频繁的检查，否则宜考虑报废钢丝绳。

(a)

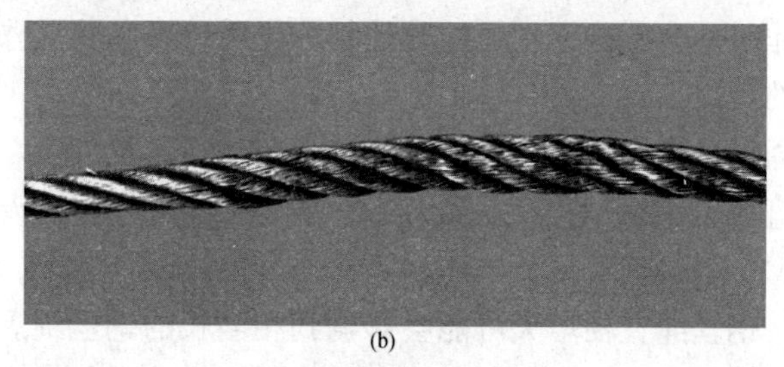

(b)

图 3-36　局部扁平

⑦扭结：发生扭结的钢丝绳应立即报废（图 3-37）。

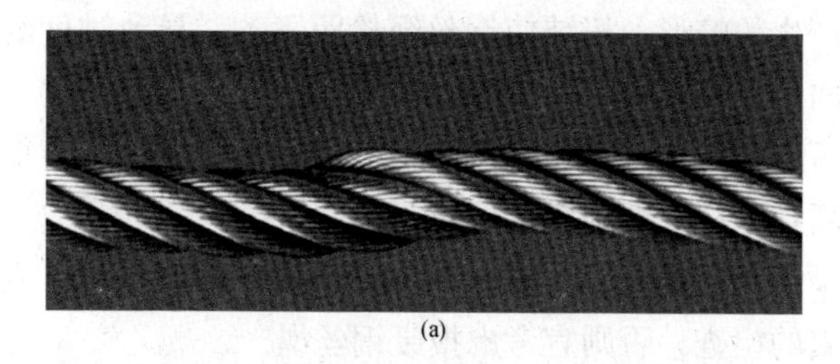

(a)

(b)

(c)

图 3-37　扭结

注，扭结是环状钢丝绳在不能绕其自身轴线旋转的状态下被拉紧而产生的畸形。扭结使钢丝绳捻距不均，导致过度磨损，严重的扭曲会使钢丝绳强度大幅降低，

⑧折弯：折弯严重的钢丝绳区段经过滑轮时可能会很快劣化并出现断丝，应立即报废钢丝绳。

如果折弯程度并不严重，钢丝绳需要继续使用时，应对其进行更频繁的检查，否则宜考虑报废钢丝绳。

注：折弯是钢丝绳是由外部原因导致的一种角度畸形。

通过主观判断确定钢丝绳的折弯程度是否严重。如果在折弯部位的底面伴随有折痕，无论其是否经过滑轮，均宜看做是严重折弯。

⑨热和电弧引起的损伤：通常在常温下工作的钢丝绳，受到异常高温的影响，外观能够看出钢丝被加热过后颜色的变化或钢丝绳上润滑脂的异常消失，应立即报废。

如果钢丝绳的两根或更多的钢丝局部受到电弧影响（例如接引线不正确的接地所导致的电弧）应报废。这种情况会出现在钢丝绳上的电流进出点上。

## 二、滑车和滑车组

滑车和滑车组是施工安装的常用工具之一，它能借助起重绳索而产生旋转运动，从而改变作用力的方向。由于滑车使用方便而且便于携带，因此，在施工安装中被广泛应用，如图 3-38 所示。

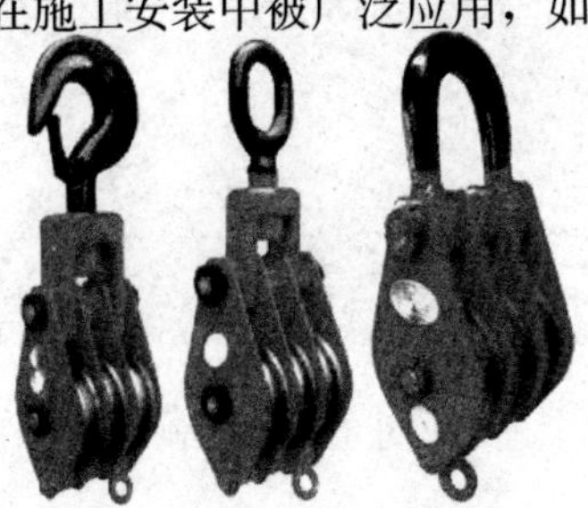

图 3-38　滑车和滑车组

1. 滑车的分类：滑车一般分为定滑车和动滑车。定滑车可以改变方向，但不能省力。动滑车能省力，但不能改变力的方向。

2. 滑车组的穿绳方式：

（1）滑车组绳索普通穿法。滑车组在工作时，最后引出的跑头的拉力最大，顺次至固定头受力最小，滑车在工作中不平稳。

（2）滑车组绳索花穿法。跑头从中间滑轮引出，两侧钢丝绳的拉力相差较小，能克服普通穿法的缺点。

3. 滑车及滑车组使用要求：

（1）使用前应查明标识的允许荷载，检查滑车的轮槽、轮轴、夹板、吊钩（链环）等有无裂缝和损伤，滑轮转动是否灵活。

（2）滑车在使用前、后都要刷洗干净，轮轴要加油润滑，防止磨损和锈蚀。

4. 滑轮的报废

滑轮有下列情况之一的应予以报废：

（1）裂纹或轮缘破损；

（2）轮槽不均匀磨损达 3mm；

（3）滑轮绳槽壁厚磨损量达原壁厚的 20%；

（4）铸铁滑轮槽底磨损达钢丝绳原直径的 30%；焊接滑轮槽底磨损达钢丝绳原直径的 15%；

（5）滑轮设有的钢丝绳防跳槽装置损坏；

（6）滑轮底槽的磨损量超过相应钢丝绳直径的 25 %时，滑轮应予以报废。

## 三、卷扬机

是用卷筒缠绕钢丝绳或链条提升或牵引重物的轻小型起重设备，又称绞车。卷扬机可以垂直提升、水平或倾斜拽引重物。卷扬机分为手动卷扬机、电动卷扬机及液压卷扬机三种。现在以电动卷扬机为主。

1. 卷扬机的固定要求

(1) 卷扬机必须用地锚予以固定，以防止工作时产生滑动或倾覆。

(2) 根据受力大小，固定卷扬机的方法大致有螺栓锚固法、水平锚固法、立桩锚固法和压重锚固法四种。

(3) 卷扬机的安装位置应能使操作人员看清指挥人员和起吊或拖动的物件，操作者视线仰角应小于45°。

(4) 在卷扬机正前方应设置导向滑车，导向滑车至卷筒轴线的距离，带槽卷筒应不小于卷筒宽度的15倍，及倾斜角$\alpha$不大于2°，无槽卷筒应大于卷筒宽度的20倍，以免钢丝绳与导向滑车槽缘产生过度的磨损。

2. 卷扬机使用要求

(1) 使用皮带或开式齿轮的部分，均应设防护罩，导向滑轮不得用开口拉板式滑轮；

(2) 钢丝绳的选用应符合原厂说明书规定；

(3) 钢丝绳应与卷筒及吊笼连接牢固，不得与机架或地面摩擦，通过道路时，应设过路保护装置；

(4) 卷筒上的钢丝绳应排列整齐，当重叠或斜绕时，应停机重新排列，严禁在转动中用手拉脚踩钢丝绳；

(5) 卷扬机不准超载使用，不准用于运送人员；

(6) 为防发生“跳绳”现象，要求卷扬机卷筒与第一个导向轮间距，无槽卷筒应不小于卷筒宽度的20倍，且导向轮应位于卷筒的中垂线上；

(7) 钢丝绳不能全部出尽，钢丝绳保留在卷筒上的安全圈数不应少于3圈。

## 四、卷筒

1. 钢丝绳在卷筒上的固定

分为楔块固定法、长板条固定法和压板条固定法。

2. 安全圈

为了保证钢丝绳的固定可靠，减少压板或楔块的受力，在取物装置降到下极限位置时，在卷筒上除钢丝绳的固定圈外，还应保留 3 圈以上安全圈。

3. 卷筒安全使用要求

（1）卷筒上钢丝绳尾端的固定装置，应有防松或自紧的性能。对钢丝绳尾端的固定情况，应每月检查一次。卷筒上钢丝绳放出最多时的余留部分应至少保留 3 圈，以减少绳尾固定处的拉力。

（2）卷筒筒体两端端部有凸缘，以防止钢丝绳滑出，筒体端部凸缘超过最外层钢丝绳的高度不应小于钢丝绳直径的 2 倍。

（3）卷筒与钢丝绳的直径比值不应小于 30 倍。卷筒壁磨损量达原厚的 10％时，卷筒应予以报废。

# 第四章　物料提升机基础知识

## 第一节　物料提升机简介

物料提升机是建筑垂直运输机械的一种，作为建筑施工所用的物料（禁止运载人员）垂直运送到楼层的一种运输机械，其构造简单，形式多样，制作容易，安装、拆卸和使用方便，价格低，因此在中小型建筑工地作为主要的垂直运输设备被广泛使用。物料提升机自诞生后长期作为建筑施工企业可自制的简易机具设备，而后逐步发展成为完全意义上的建筑起重机械设备。2003 年 6 月 17 日，国家质检总局依据国务院 373 号令颁布的《特种设备安全监察条例》将物料提升机纳入特种设备目录中的施工升降机实行制造许可证管理。

## 第二节　物料提升机的分类和性能

### 一、物料提升机的分类

1. 按架体结构分类

根据架体的结构形式，可分为门架式物料提升机（一般称为门架）和井架式物料提升机（其中不包含原建设部明令禁止使用的临时用钢管搭设的井架式提升机）两大类。常见的产品机型有门架式单笼物料提升机（双柱单笼）、井架式单笼物料提升机（单柱单笼）和井架式双笼物料提升机（双柱双笼）。

（1）井架式双笼物料提升机的结构形式与齿轮齿条式施工升降机基本一致，是吊笼沿导轨架做上下运动，来完成物料输送的升降机，如图 4-1 所示。

(a)

(b)

图 4-1　物料提升机

（2）门架式单笼物料提升机的结构形式是由两个桁架立柱（可互换标准节立柱）和一根横梁（天梁）组成，横梁架设在立柱的顶部，与立柱组成形如“门框”形的架体，称为“门架式物料提升机”，如图 4-2 所示。

图 4-2 门架式物料提升机

（3）井架式单笼物料提升机的架体结构是由四个（型钢带有连接耳板）立柱和多个水平杆件及斜杆件（带有连接耳孔）组合成的整体架体。从架体的水平截面上看似一个“井”字，因此称为井架式物料提升机，如图 4-3 所示。

图 4-3　井架式物料提升机

2. 按安装高度分类

按安装高度，可分为低架物料提升机和高架物料提升机两类。

（1）低架物料提升机：吊笼提升高度在 30m 以下（含 30m）称为低架物料提升机。

（2）高架物料提升机：吊笼提升高度在 30m 以上称为高架物料提升机。

## 二、物料提升机型号编制方法

物料提升机机型号由组、型、特性、主参数和变型更新代号等组成。其编号规定参见图 4-4。

1. 主参数代号

单吊笼物料提升机只标注一个数值，双吊笼物料提升机标注两个数值，用符号“/”分开，每个数值均为一个吊笼的额定载重量代号。对于 SH 型物料提升机，前者为齿轮齿条传动吊笼的额定载重量代号，后者为钢丝绳提升吊笼的额定载重量代号。

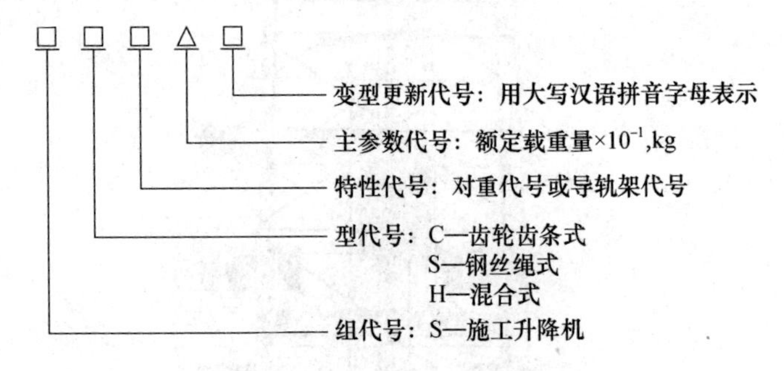


图 4-4　型号说明

2. 特性代号

表示物料提升机两个主要特性的符号。

（1）对重代号：有对重时标 D，无对重时省略。

（2）导轨架代号：

例如：

SC100/100 型物料提升机表示齿轮齿条式升降机，双笼，两个吊笼的额定起重量均为 1000kg。

SSE100 型物料提升机表示钢丝绳式升降机，双柱导轨架，额定起重量 1000 kg。

SSEB100 型表示钢丝绳式物料提升机，双柱导轨架，吊笼包容于架体内，额定起重量 1000 kg。

SSD60/60 型表示钢丝绳式物料提升机，单柱导轨架，双吊笼有配重，两个吊笼的额定起重量均为 600 kg。

## 第三节　物料提升机的基本技术参数

物料提升机的基本技术参数主要分为四部分：性能信息、尺寸和质量、动力供应参数和其他信息。

## 一、性能信息

1. 额定载重量

设计确定的工作状态下吊笼运载的最大荷载。

2. 额定速度

设计确定的吊笼速度。

3. 最大允许高度

吊笼运行至最高上限位时，吊笼底板与底架平面间的垂直距离。

## 二、尺寸和质量

1. 吊笼内部空间尺寸（长×宽×高）。

表明吊笼内部空间大小。

2. 整机质量

吊笼质量、围栏质量、导轨架质量之和。

3. 导轨架节尺寸

组成导轨架的可以互换的构件的尺寸大小。

4. 导轨架节质量（kg）

组成导轨架的可以互换的构件的质量。

## 三、动力供应参数

1. 电机额定功率

电机正常工作时的功率。

2. 供电电压/频率（V/Hz）

物料提升机可以正常工作的电压/频率范围。

3. 最大启动电流

电气设备在刚启动时的冲击电流，是电机通电瞬间到运行平稳的短暂时间内的电流变化量，这个电流一般是额定电流的 4～7 倍。

4. 卷扬机型号

参见上节内容。

## 四、其他信息

1. 钢丝绳参数

包括钢丝绳的公称直径、绕绳方式和股数等。

2. 最大附墙间距

连接导轨架与建筑物，从而支撑导轨架各构件之间最大间距。

3. 导轨架顶端自由高度

最上一道连接导轨架与建筑物，从而支撑导轨架各构件之上要求的最大导轨架节数。

4. 防坠安全器型号

只存在于齿轮齿条式物料提升机。防坠安全器的型号由名称代号、主参数代号和变型代号（无变型时省略）组成。如 SAJ 30-1.2A，其中 SAJ 代表齿轮锥鼓形渐进式防坠安全器，30 代表额定制动载荷为 30kN，1.2 代表额定动作速度为 1.2m/s，A 代表第一次变型的安全器。

# 第五章　物料提升机结构

## 第一节　物料提升机的基本结构

物料提升机是建筑工地上常用的一种垂直运输机械。与塔式起重机、施工电梯相比较，它的优点在于结构简单、制作容易、安装拆卸灵活、使用方便、价格低廉。目前，国家、行业、地方均没有设计、制造物料提升机产品的标准依据。现行的物料提升机多种多样，安全装置参差不齐，安全性能指标各异，在设计和制造上存在着较大的缺陷和安全隐患。现行物料提升机是非标准产品，未纳入国家生产许可证产品之列，也没有任何部门对其生产进行监督管理，多数产品是施工企业自制和小型生产厂家制造，生产厂缺少基本生产技术、设备，工装落后，没有建立健全相应的产品质量保证体系和质量标准，无法保证其产品质量。

建筑工地上使用的物料提升机应具有保证安全运输物料的基本结构。物料提升机的基本结构一般由底架、导轨、吊笼、防护围栏、动力装置和传动装置等组成。

### 一、导轨要求

1. 物料提升机导轨架的长细比不应大于 150，井架结构的长细比不应大于 180。

2. 附墙架的长细比不应大于 180。

3. 当标准节采用螺栓连接时，螺栓直径不应小于 M12，强度等级不宜低于8.8级。

4. 物料提升机自由端高度不宜大于6m；附墙架间距不宜大于6m。

5. 物料提升机的导轨架不宜兼作导轨。

6. 导轨架的轴心线对水平基准面的垂直度偏差不应大于导轨架高度的0.15%。

7. 标准节导轨结合面对接应平直，吊笼导轨错位形成的阶差不应大于1.5mm，对重导轨、防坠器导轨错位形成的阶差不应大于0.5mm。且标准节截面内，两对角线长度偏差不应大于最长边长的0.3%。

## 二、吊笼要求

1. 吊笼内净高度不应小于2m，吊笼门及两侧立面应全高度封闭。

2. 吊笼门及两侧立面宜采用网板结构，孔径应小于25mm。吊笼门的开启高度不应低于1.8m；其任意500mm$^2$的面积上作用300N的力，在边框任意一点作用1kN的力时，不应产生永久变形。

3. 吊笼顶部宜采用厚度不小于1.5mm的冷轧钢板，并应设置钢骨架；在任意0.01m$^2$面积上作用1.5kN的力时，不应产生永久变形。

4. 吊笼底板应有防滑、排水功能；其强度在承受125%额定荷载时，不应产生永久变形；底板宜采用厚度不小于50mm的木板或不小于1.5mm的钢板。

5. 吊笼应采用滚动导靴。

6. 吊笼的结构强度应满足坠落试验要求。

## 三、防护围栏的要求

1. 物料提升机地面进料口应设置防护围栏，围栏高度不应小于1.8m，围栏立面可采用网板结构，其任意500mm²的面积上作用300N的力，在边框任意一点作用1kN的力时，不应产生永久变形。

2. 进料口门的开启高度不应小于1.8m，其任意500mm²的面积上作用300N的力，在边框任意一点作用1kN的力时，不应产生永久变形；进料口门应装有电气安全开关，吊笼应在进料口门关闭后才能启动。

## 第二节　物料提升机的安全装置

建筑工地上使用的物料提升机操作完全由人的行为控制。因而需要安装各种保护装置，防止误操作以防止安全事故的发生。物料提升机的安全装置一般有起重量限制器、防坠安全器、安全停靠装置、上下限位装置、紧急断电开关、缓冲器、通信装置等安全装置。

### 一、起重量限制器要求

起重量限制器也称超载限制器，是一种超载保护安全装置。其功能是当载荷超过额定值时，使起升动作不能实现，从而避免超载。起重量限制器有机械式、电子式等多种类型。机械式超载限制器通过杠杆、弹簧、凸轮等的作用带动撞杆，当超载时，撞杆与开关相碰，切断起升机构的动力源，控制起升机构上升，停止运行；电控式超载限制器通过限载传感器和传输电缆，将载重量变换成电信号，超载时切断起升控制回路电源，在卸荷到额定值时才恢复通电，方能启动。

在施工作业时，由于上下运行距离长、所用时间多，运料人员往往尽量多装物料以减少运行次数的心理而造成超载。此装置可在达到额定荷载的90％时，发出报警信号提示司机，当荷载达到额定起重量的110％时，起重量限制器应切断上升主电路电源。

## 二、防坠安全器要求

当吊笼传动装置发生故障时，防坠安全器应制停带有额定起重量的吊笼，且不应造成结构损坏。自升平台应采用渐进式防坠安全器。

1. SAJ 型防坠安全器

SAJ 型防坠安全器是 SC 型升降机中的重要安全装置，它能限制吊笼超速运行，有效地防止吊笼坠落事故发生。国家标准规定防坠安全器的寿命为 5 年，有效标定期限为 1 年。SAJ 型防坠安全器主要由外壳、制动锥鼓、离心块、弹簧、齿轮和行程开关等组成，如图 5-1 所示。

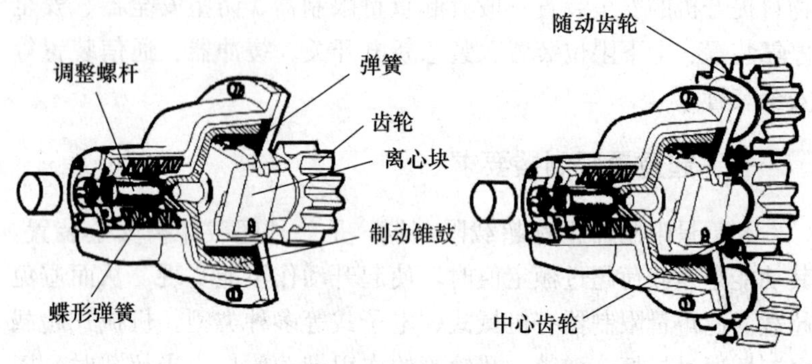


图 5-1　防坠安全器

当吊笼意外超速下降时，防坠安全器里的离心块克服弹簧拉力带动制动锥鼓旋转，与其相连的螺杆同时旋进，制动锥鼓与外壳接触逐渐增大摩擦力，确保吊笼平稳制动，同时行程开关动作，切断吊笼电源，确保人员和设备的安全。安全器的激发速度在出厂时都已调整准确并打好铅封，用户严禁擅自打开防坠安全器。

2. 断绳保护装置

当钢丝绳突然断裂或钢丝绳尾部的固定松脱，该装置能立刻动作，使吊笼可靠停住并固定在架体上，阻止吊笼坠落。防坠安全装置的形式较多，从简易到复杂有一个逐步完善的发展过程。20世纪80年代以前，多采用的有弹闸、杠杆挂钩等简易瞬时式防坠装置，其冲击力较大，易对架体缀杆和吊笼造成损伤。为改变这种弊病，逐步出现了夹钳式、楔块抱闸式和旋撑制动式等较复杂渐进式防坠装置，吊笼在坠落过程中依靠偏心轮、斜楔或旋撑杆的作用，逐渐接近架体上的导轨，直至摩擦构件压紧导轨并锁住，使吊笼牢靠地固定在导轨即架体上。因锁紧作用的发生有一个延时的过程，冲击力衰减，对架体和吊笼损伤较小。采用此类防坠装置必须保证摩擦锁紧效果，注意保持导轨和偏心轮、斜楔或旋撑杆的清洁，尤其锁紧面不得沾有油污。任何形式的防坠安全装置，当断绳或固定松脱时，吊笼锁住前的最大滑行距离，在满载情况下不得超过1m。

（1）弹闸式防坠装置：如图5-2所示，为一弹闸式防坠装置。其工作原理是：当起升钢丝绳4断裂时，弹闸拉索5失去张力，弹簧3推动弹闸销轴2向外移动，使销轴2卡在架体横缀杆6上，瞬间阻止吊笼坠落。该装置在作用时对架体缀杆和吊笼产生较大的冲击力，易造成架体缀杆和吊笼损伤。

（2）夹钳式断绳保护装置：夹钳式断绳保护装置的防坠制动工作原理是：当起升钢丝绳突然发生断裂，吊笼处于坠落状态时，吊笼顶部带有滑轮的平衡梁在吊笼两端长孔耳板内在自重作用向下移动时，此时防坠装置的一对制动夹钳在弹簧力的推动下，迅速夹紧在导轨架上，从而避免了吊笼坠落。当吊笼正常升降时，由于滑轮平衡梁在吊笼两侧长孔耳板内抬升上移并通过拉环使防坠装置的弹簧受到压缩，制动夹钳脱离导轨，工作原理参见图5-3。

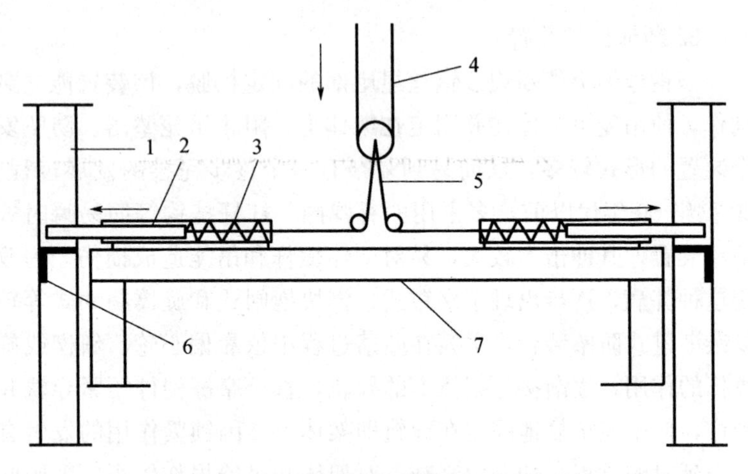


图 5-2　弹闸式防坠装置示意图

1—架体；2—弹闸销轴；3—弹簧；4—起升钢丝绳；
5—弹闸拉索；6—架体横缀杆；7—吊笼横梁

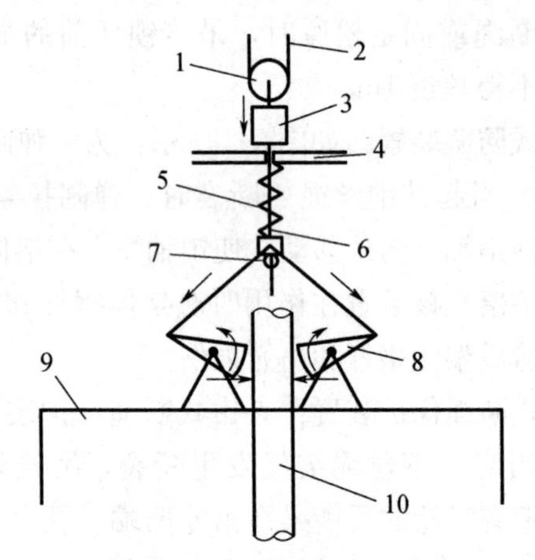


图 5-3　夹钳式断绳保护装置

1—提升滑轮；2—提升钢丝绳；3—平衡梁；4—防坠器架体（固定在吊篮上）；
5—弹簧；6—拉索；7—拉环；8—制动夹钳；9—吊篮；10—导轨

（3）拨杆楔形断绳保护装置：如图 5-4 所示，为一拨杆楔形断绳保护装置。其工作原理是当吊笼起升钢丝绳发生意外断裂时，滑轮 1 失去钢丝绳的牵引，在自重和拉簧 2 的作用下，沿耳板 3 的竖向槽下落，传力钢丝绳 4 松弛，在拉簧 2 的作用下，摆杆 6 绕转轴 7 转动，带动拨杆 8 偏转，拨杆上挑，通过拨销 9 带动楔块 10 向上，在锥度斜面的作用下抱紧架体导轨，使吊笼迅速有效地制动，防止吊笼坠落事故发生。正常工作时则相反，吊笼钢丝绳提起滑轮 1，绷紧传力钢丝绳 4，在传力钢丝绳 4 的拉力下，摆杆 6 绕转轴 7 转动，带动拨杆 8 反向偏转，拨杆下压，通过拨销 9、带动楔块 10 向下，在锥度斜面的作用下，使楔块与架体导轨松开

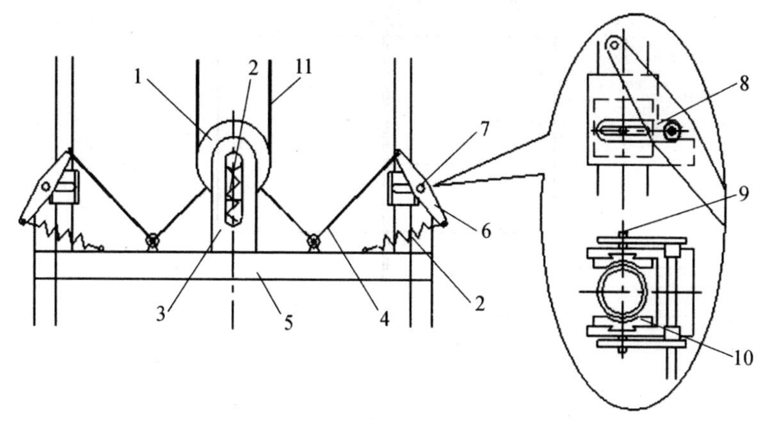


图 5-4　拨杆楔形断绳保护装置

1—滑轮；2—拉簧；3—耳板；4—传力钢丝绳；5—吊笼；6—摆杆；7—转轴；8—拨杆；9—拨销；10—楔块；11—起升钢丝绳

（4）旋撑制动保护装置：如图 5-5 所示，旋撑制动保护装置具有一浮动支座，支座的两侧分别由旋转轴固定两套撑杆、摩擦制动块、拨叉、支杆、弹簧、拉索等组成。其工作原理是，该装置在使用时，两摩擦制动块置于提升机导轨的两侧，当起升机钢丝绳 6 断裂时，拉索 4 松弛，弹簧拉动拨叉 2 旋转，提起撑杆 7，带动两摩擦块向上并向导轨方向运动，卡紧在导轨上，使浮动支

座停止下滑，进而阻止吊笼向下坠落。

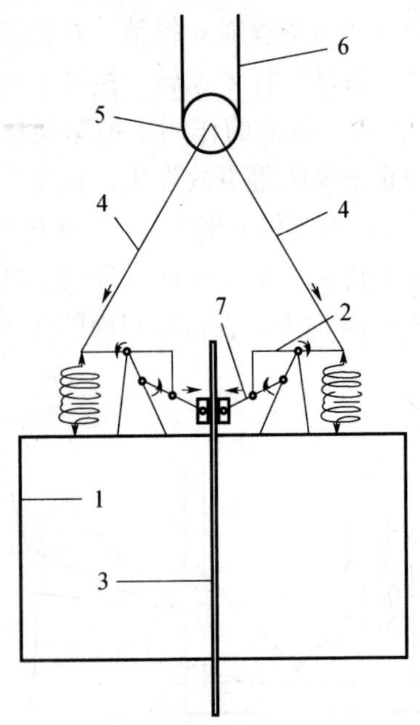


图 5-5 旋撑制动保护装置

1—吊笼；2—拨叉；3—导轨；4—拉索；

5—吊笼提升动滑轮；6—起绳钢丝绳；7—撑杆

（5）惯性楔块断绳保护装置：该装置主要由悬挂弹簧、导向轮悬挂板、楔形制动块、制动架和调节螺栓、支座等组成。防坠装置分别安装在吊篮顶部两侧。该断绳保护装置的制动工作原理主要是利用惯性原理来使防坠装置的制动块在吊笼突然发生钢丝绳断裂下坠时能紧紧夹紧在导轨架上。当吊篮在正常升降时，导向轮悬挂板悬挂在悬挂弹簧上，此时弹簧处于压缩状态，同时楔形制动块与导轨架自动处于脱离状态。当吊篮起升钢丝绳突然断裂时，由于导向轮悬挂板突然失重，原来受压的弹簧突然释放，导向轮悬挂板在弹簧力的推动作用下向上运动，带动楔形制动块紧紧夹在导轨架上，从而避免发生吊篮的坠落，工作原理和外观如图 5-6 所示。

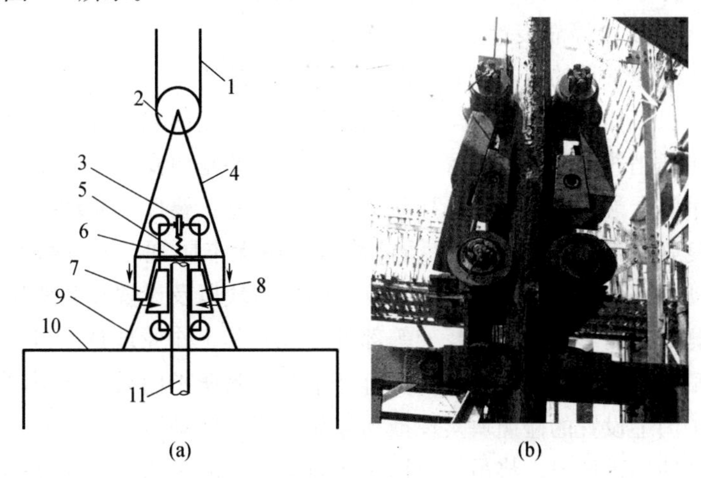


图 5-6　惯性楔块断绳保护装置

（a）防坠工作原理　　（b）外观实物照片

1—提升钢丝绳；2—吊篮提升动滑轮；3—调节螺栓；4—拉索；5—悬挂弹簧；6—导向轮悬挂板；7—制动架；8—楔形制动块；9—支座；10—吊篮；11—导轨

## 三、安全停层装置要求

物料提升机是只准运送物料不准载人的一种垂直运输设备，但是当装载物料的吊笼运行到某楼层位置停靠站时，需作业人员进入到吊监内将物料运出。此时由于作业人员的进入，必须设置一种安全装置对作业人员的安全进行保护，即当吊笼的钢丝绳突然断开时，吊笼内的作业人员不致受到伤害。

安全停层装置应为刚性机构，吊笼停层时，安全停层装置应能可靠承担吊笼自重、额定荷载及运料人员等全部工作荷载。

安全停层装置通常采用以下保护形式，其作用是当吊笼运行到位时，停靠装置能将吊笼定位，并能可靠地承担吊笼自重、额定荷载及吊笼内作业人员和运送物料时的工作荷载。此时荷载全部由停靠装置承担，提升钢丝绳只起保险作用。

1. 安全停靠装置

一般常见的有插销式楼层安全停靠装置等。

（1）插销式楼层安全停靠装置：为一吊笼内置式井架物料提升机插销式楼层停靠装置（图 5-7）。其主要是由安装在吊笼两侧和吊笼上端对角线上的悬挂联动插销（注意：要保持联动插销处于良好的润滑状态，确保插销伸缩自由无卡阻现象）、联动杆，转动臂杆和吊笼出料防护门上设置的碰撞块以及设置在井架架体两侧的三角形悬挂支撑托架等部件组成。其工作原理是：当吊笼在某一楼层停靠时，作业人员打开吊笼出料防护门时，利用出料防护门上设置的碰撞块实现推动停靠装置的转动臂杆，并通过联动杆使插销伸出，将吊笼停挂在井架架体上的三角形悬挂支撑托架上。当吊笼出料防护门关闭时，联动杆驱动插销缩回，从三角形悬挂支撑托架上脱离，吊笼可正常升降工作。上述停靠装置，也可不与门联动，可在靠出料防护门一侧，设置操纵手柄，在作业人员进入吊笼前，先拉动手柄推动连杆，使插销伸出，使吊笼停靠悬挂在架体上。当人员从吊笼出来后，恢复手柄位置，插销缩进，此时吊笼可正常升降运行。

该装置在使用中应注意：吊笼下降时必须完全将出料门关闭后才能下降。同样吊笼停靠时必须将门完全打开后，才能保证停靠装置插销完全伸出，使吊笼与架体达到可靠的撑托效果和防止吊笼因故发生坠落的安全措施，如图 5-7 所示。

（2）牵引式楼层停靠装置：工作原理是利用断绳保护装置作为停靠装置，当吊笼出料防护门打开时，利用设置在出料防护门上的碰撞块实现推动停靠装置的转动臂杆并通过断绳保护装置上的滚轮悬挂板上的钢丝绳来牵引带动楔块夹紧装置使吊笼停靠在导轨架上，以防止吊笼因故发生坠笼事故。它的特点是不需要在

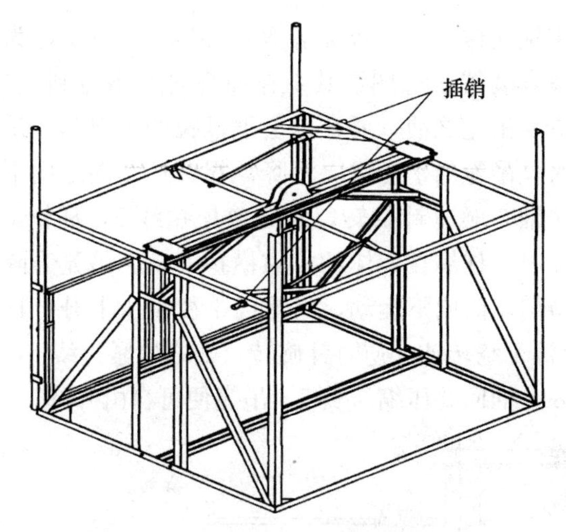


图 5-7　插销式楼层停靠装置示意图

架体上安装停靠支架，其缺点是当吊笼的连锁防护门开启不到位或拉绳断裂时，易造成停靠装置失效。因此使用时，应特别注意停靠制动装置的有效性和可靠性，其工作原理如图 5-8 所示。

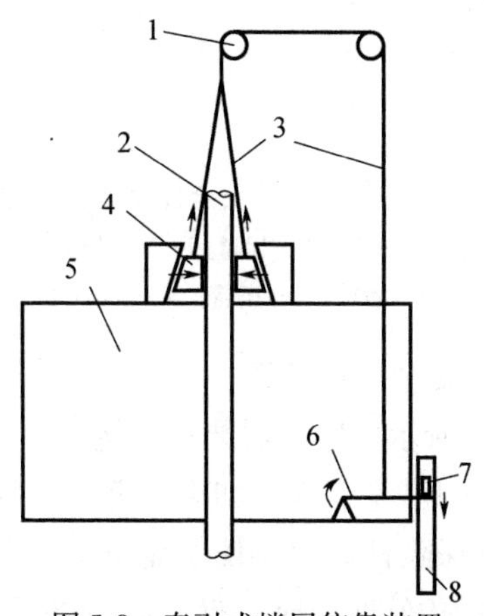


图 5-8　牵引式楼层依靠装置

1—导向滑轮；2—导轮；3—拉索；4—砌块抱闸；5—吊笼；6—转动臂；7—碰撞块；8—出料门

（3）连锁式楼层安全停靠装置：如图 5-9 所示，为一连锁式楼层安全停靠装置示意图，其工作原理是当吊笼到达指定楼层，工作人员进入吊笼之前，要开启上下推拉的出料门。吊笼出料门向上提升时，吊笼门平衡重 1 下降，拐臂杆 2 随之向下摆，带动拐臂 4 绕转轴 3 顺时针旋转，随之放松拉线 5，插销 6 在压簧 7 的作用下伸出，挂靠在架体的停靠横担 8 上。吊笼升降之前，必须关闭出料门，门向下运动，吊笼门平衡重 1 上升，顶起拐臂杆 2，带动拐臂 4 绕转轴 3 逆时针旋转，随之拉紧拉线 5，拉线将插销从横担 8 上抽回并压缩压簧 7，吊笼便可自由升降。

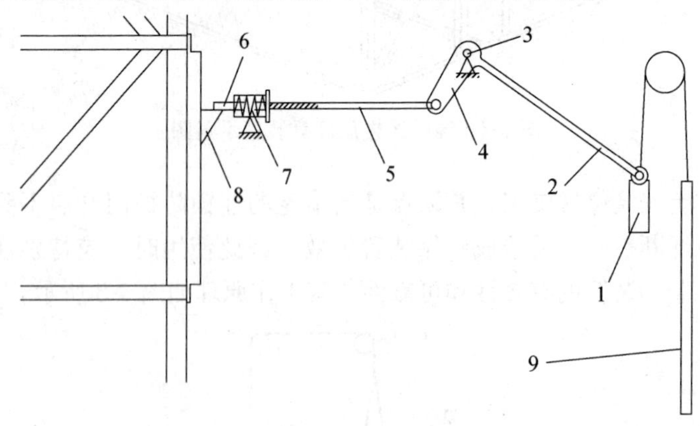


图 5-9　连锁式楼层安全停靠装置示意图

1—吊笼门平衡重；2—拐臂杆；3—转轴；4—拐臂

5—拉线；6—插销；7—压簧；8—横担；9—吊笼门

2. 翻爪挂钩式安全停层装置

结构如图 5-10 所示，停车器装在吊笼上，停车爪越过保险杆后靠自重打开，限制吊笼下降。如果吊笼要下降，首先使吊笼上升，待停车器超出保险杆后，再使吊笼下降，保险杆拨动拨爪顺时针转动，弹簧拉停车爪逆时针转动，使拨爪合在停车爪的外面，保险杆从表面滑过。

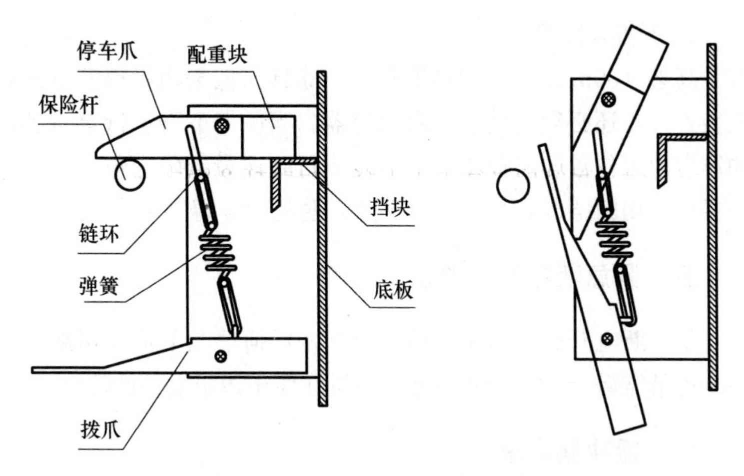


图 5-10　翻爪挂钩式安全停层装置

## 四、行程限位要求

1. 上限位开关

当吊笼上升至限定位置时，触发限位开关，吊笼被制停，上部越程距离不应小于 3m。此距离是考虑到一旦发生意外情况，电源不能断开时，吊笼仍将继续上升，可能造成吊笼冲顶事故，而此越程可使司机采用紧急断电开关来切断控制电源使吊笼制停，防止吊笼与天梁碰撞。当采用可逆式卷扬机时，超高限位切断吊笼上升电源，电磁式制动器自行制动停机，此时吊笼不能上升，只能下降。

2. 下限位开关

与上限位开关同理，当吊笼下降至限定位置时，触发限位开关，吊笼被制停。

3. 上极限限位

主要作用是限定吊笼的上升高度（吊笼上升的最高位置与行程末端的距离不应小于 3m）。

4. 下极限限位

高架（30m 以上）物料提升机，除具备低架物料提升机的安全装置外，还必须安装下极限限位器。当吊笼下降运行至碰到缓冲器之前限位器即能动作，当吊笼下行到达最低限定位置时，限位器自动切断电源，吊笼停止下降，避免发生蹲笼事故。

## 五、紧急断电开关要求

紧急断电开关应为非自动复位型，任何情况下均可切断主电路停止吊笼运行。紧急断电开关应设在便于司机操作的位置。

## 六、缓冲器要求

缓冲器应承受吊笼及对重下降时相应的冲击荷载。

缓冲器安装在架体下部底架的地梁上，当吊笼以额定荷载和规定的速度作用到缓冲器上时，应能承受相应的冲击力。缓冲器可采用弹簧或橡胶等。物料提升机必须装设缓冲装置。

## 七、通信装置要求

当司机对吊笼升降运行、停层平台观察视线不清时，必须设置通信装置，通信装置应同时具备语音和影像显示功能。

1. 低架物料提升机（30m 以下）使用通信装置

使用通信装置时司机可以清楚地看到各层通道及吊笼内作业情况，可以由各层作业人员直接与司机联系。司机通过铃响装置提示作业人员注意安全后，就可操纵卷扬机升降作业。

2. 高架物料提升机（30m 以上）使用通信装置

使用通信装置时司机不能清楚地看到各楼层站台和吊笼内的作业情况或交叉作业施工时，各栋号楼层同时使用提升机的，此时应设置专门的信号指挥人员，或在各楼层站加装通讯装置。通讯装置应是一个闭路的双向通信系统，司机应能听到每一层站的联系，并能向每一层站讲话。司机在确认信号后，操纵卷扬机时也应通过铃响装置提示作业人员注意，以确保不发生误操作。

## 八、防护设施

1. 司机操作棚设置

施工现场应按规范要求设置卷扬机操作棚。卷扬机操作棚应采用定型化、装配式，且应具有防雨功能。操作棚应有足够的操作空间。安装位置不满足防坠落半径规范的顶部时应加设防护顶棚。

2. 层楼通道口安全门

为避免施工作业人员进入运料通道时不慎坠落，宜在每层楼通道口设置仅向停层平台内侧开启且常闭状态的安全门或栏杆，只有在吊笼运行到位时才能打开。安全门宜采用连锁装置，门或栏杆的强度应能承受 1kN（100kG 左右）的水平荷载。作业层脚手板应铺满、铺稳、铺实。其板的两端均应固定于支承杆件上。

3. 上料口防护棚

物料提升机的进料口是运料人员经常出入和停留的地方，吊笼在运行过程中有可能发生坠物伤人事故，因此在地面进料口搭设防护棚十分必要。地面进料口防护棚应设在进料口上方，宽度必须大于通道口宽度，且应大于吊笼宽度，长度必须符合防坠落半径要求。当建筑物超过 2 层时，物料提升机地面通道上方应搭设防护棚。当建筑物高度超过 24m 时，应设置双层防护棚。建筑物高度超过 24m 时，防护棚顶应采用双层防护设置。防护棚的材质应坚硬、铺设材料应有防贯穿能力。

4. 警示标志

物料提升机进料口应悬挂严禁乘人标志和限载警示标志，如图 5-11。

限载：
1.5 吨

图 5-11　严禁乘人及限载标志

## 九、电气防护

物料提升机应当采用 TN-S 接零保护系统，也就是工作零线（N 线）与保护零线（PE 线）分开设置的接零保护系统。

1. 提升机的金属结构及所有电气设备的金属外壳应接地，其接地电阻不应大于 10Ω。

2. 若在相邻建筑物、构筑物的防雷装置保护范围以外的物料提升机应安装防雷装置。

（1）防雷装置的冲击接地电阻值不得大于 30Ω。

（2）接闪器（避雷针）可采用长 1～2m、$\phi$16 镀锌圆钢。

（3）提升机的架体可作为防雷装置的引下线，但必须有可靠的电气连接。

3. 做防雷接地物料提升机上的电气设备，所连接的 PE 线必须同时做重复接地。

4. 同一台物料提升机的重复接地和防雷接地可共用同一接地体，但接地电阻应符合重复接地电阻值的要求。

5. 接地体可分为自然接地体和人工接地体两种。

（1）自然接地体是指原已埋入地下并可兼做接地用的金属物体。如原已埋入地中的直接与地接触的钢筋混凝土基础中的钢筋结构、金属井管、非燃气金属管道等，均可作为自然接地体。利用自然接地体，应保证其电气连接和热稳定。

（2）人工接地体是指人为埋入地中直接与地接触的金属物

体。用作人工接地体的金属材料通常可以采用圆钢、钢管、角钢、扁钢及其焊接件，但不得采用螺纹钢和铝材。

## 第三节　物料提升机的动力与传动装置

物料提升机的动力与传动装置主要分为齿轮齿条式、曳引机钢丝绳式和卷扬机钢丝绳式。

### 一、基本要求

1. 每个吊笼至少应有一套驱动装置。

2. 驱动电机应通过不会脱离啮合的直接传动系统与驱动齿轮连接。

3. 吊笼在工作中应始终由动力驱动上升或下降。

### 二、齿轮和齿条传动的要求

1. 驱动齿轮和防坠安全器齿轮应直接固定在轴上，不能采用摩擦和夹紧的方法连接。

2. 防坠安全器齿轮位置应低于最低的驱动齿轮。

3. 应采取措施防止异物进入驱动齿轮或防坠安全器齿轮与齿条的啮合区间。

4. 标准节上的齿条连接应牢固，相邻两齿条的对接处，沿齿高方向的阶差不应大于 0.3 mm。

### 三、卷扬机的要求

1. 卷扬机的牵引力应满足物料提升机设计要求。

2. 卷筒节径与钢丝绳直径的比值不应小于 30。

3. 卷筒两端的凸缘至最外层钢丝绳的距离不应小于钢丝绳直径的两倍。

4. 钢丝绳在卷筒上应整齐排列，端部应与卷筒压紧装置连接牢固。当吊笼处于最低位置时，卷筒上的钢丝绳不应少于3圈。

5. 卷扬机应设置防止钢丝绳脱出卷筒的保护装置，该装置与卷筒外缘的间隙不应大于3mm，并应有足够的强度。

6. 物料提升机严禁使用摩擦式卷扬机。

## 四、曳引机的要求

1. 曳引轮直径与钢丝绳直径的比值不应小于40，包角不宜小于150°。

2. 当曳引钢丝绳为2根及以上时，应设置曳引力自动平衡装置。

## 五、滑轮的要求

1. 滑轮直径与钢丝绳直径的比值不应小于30。

2. 滑轮应设置防钢丝绳脱出装置。

3. 滑轮与吊笼或导轨架，应采用刚性连接。严禁采用钢丝绳等柔性连接或使用开口拉板式滑轮。

## 六、钢丝绳的要求

1. 钢丝绳的选用应符合现行国家标准《钢丝绳》（GB/T 8918）的规定。钢丝绳的维护、检验和报废应符合现行国家标准《起重机用钢丝绳检验和报废实用规范》（GB/T 5972）的规定。

2. 自升平台钢丝绳直径不应小于8mm，安全系数不应小于12。

3. 提升吊笼钢丝绳直径不应小于12mm，安全系数不应小于8。

4. 安装吊杆钢丝绳直径不应小于6mm，安全系数不应小于8。

5. 缆风绳直径不应小于 8mm，安全系数不应小于 3.5。

6. 当钢丝绳端部固定采用绳夹时，绳夹规格应与绳径匹配，数量不应少于 3 个，间距不应小于绳径的 6 倍，绳夹夹座应安放在长绳一侧，不得正反交错设置。

## 七、齿轮齿条式升降机原理

齿轮齿条式升降机是采用齿轮齿条啮合方式传递动力，使吊笼沿导轨上下运动的升降机，如图 5-12 所示。齿条固定在导轨架上，传动系统安装在吊笼内，当传动系统输出轴端的小齿轮转动时，通过齿的啮合，将齿轮在齿条上的滚动转换成吊笼的垂直运动。此类升降机一般都采用渐开线直齿圆柱齿轮和直齿条，其好处主要是传动中不产生轴向力，符合升降机结构的受力要求，并且容易制造。

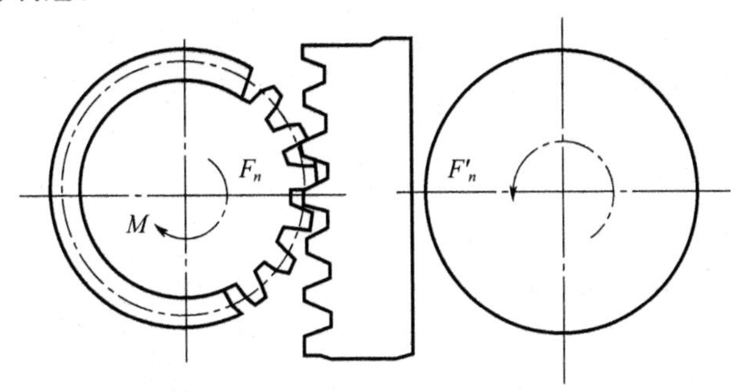


图 5-12　齿轮齿条式升降机工作原理

## 八、钢丝绳式升降机原理

钢丝绳式物料提升机以桁架结构作为导轨架，配套驱动装置作动力传输，牵引钢丝绳由驱动装置引出，自导轨架内垂直向上，过大梁承力点大滑轮转折向下，定点连接可上下垂直运行的吊笼，由电气控制柜控制驱动装置运转，通过驱动装置正反转动控制牵引钢丝绳的收放，使吊笼沿导轨架的导轨做上下运动，完成建筑工施工物料的垂直输送，如图 5-13 所示。

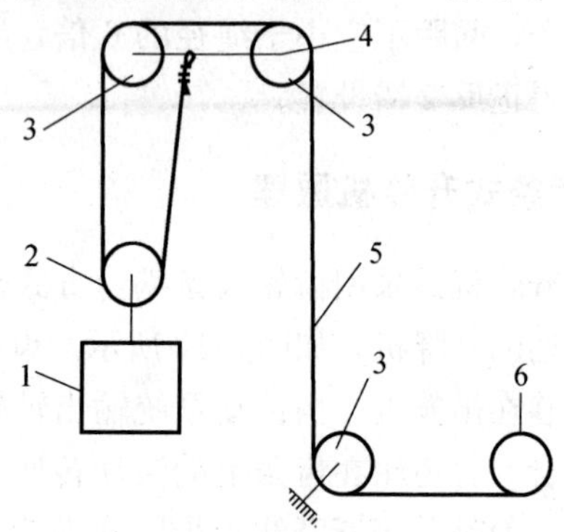


图 5-13 物料提升机牵引示意图

1—吊笼；2—笼顶动滑轮；3—导向滑轮；

4—天梁；5—钢丝绳；6—卷筒

1. 钢丝绳式物料提升机的驱动装置

一般采用卷扬机或曳引机。

（1）卷扬机

①卷扬机的构造及工作原理

卷扬机由机座、减速器、弹性联轴器、制动器、卷筒、电动机和电气设备等部件组成，采用电磁（液压）制动器自动刹车形式。当电源输入后，电动机和电磁制动器电路同时被接通，此时制动器闸瓦打开，电动机开始旋转，将动力经弹性联轴器传入减速器，再由减速器通过联轴器带动卷筒，从而达到工作目的，如图 5-14 所示。

②卷扬机的特点

卷扬机具有结构简单、成本低廉的特点，并可安装在物料提升机的基础底架上，消除了提升钢丝绳沿施工现场的运行段，适应狭窄的施工现场，并可选择免遭坠物打击。但与曳引机相比，很难实现多根钢丝绳独立牵引，且容易发生乱绳、脱绳和挤压等

图 5-14　卷扬机

现象，其安全可靠性较低。

（2）曳引机

①曳引机的构造及工作原理

曳引机主要由电动机、减速机、制动器、联轴器、曳引轮、机架等组成。曳引机可分为无齿轮曳引机和有齿轮曳引机两种。物料提升机一般都采用有齿轮曳引机。为了减少曳引机在运动时的噪声和提高平稳性，一般采用蜗杆副为减速传动装置。如图 5-15 所示。

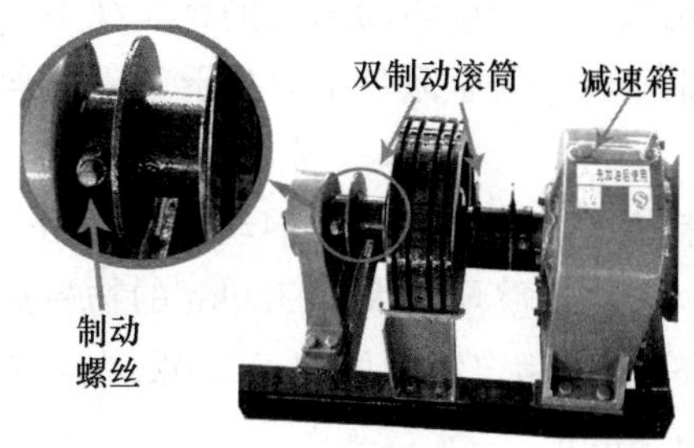


图 5-15　曳引机构造

曳引机驱动物料提升机是利用钢丝绳在曳引轮绳槽中的摩擦力来带动吊笼升降。曳引机的摩擦力是由钢丝绳压紧在曳引轮绳槽中而产生，压力愈大摩擦力愈大，曳引力大小还与钢丝绳在曳引轮上的包角有关系，包角愈大，摩擦力也愈大，因而物料提升机必须设置对重。

②曳引机的特点

a. 一般为4～5根钢丝绳独立并行曳引，因而同时发生钢丝绳断裂造成吊笼坠落的概率很小。但钢丝绳的受力调整比较麻烦，钢丝绳的磨损比卷扬机的大。

b. 对重着地时，钢丝绳将在曳引轮上打滑，即使在上限位安全开关失效的情况下，吊笼一般也不会发生冲顶事故，但吊笼不能提升。

c. 钢丝绳在曳引轮上始终是绷紧的，因此不会脱绳。

d. 吊笼的部分质量由对重平衡，可以选择较小功率的曳引机。

（3）驱动装置的安全技术要求

①卷扬机和曳引机在正常工作时，其机外噪声不应大于85dB（A），操作者耳边噪声不应大于88dB（A）。

②卷扬机驱动仅允许使用于钢丝绳式无对重的货用物料提升机、吊笼额定提升速度不大于0.63m/s的人货两用施工升降机。

③人货两用施工升降机驱动吊笼的钢丝绳不应少于两套且为相互独立的。钢丝绳的安全系数不应小于12，钢丝绳直径不应小于9mm。

④货用物料提升机驱动吊笼的钢丝绳允许用一根，其安全系数不应小于8。额定载重量不大于320kg的物料提升机，钢丝绳直径不应小于6mm；额定载重量大于320kg的物料提升机，钢丝绳直径不应小于8mm。

⑤人货两用施工升降机采用卷筒驱动时，钢丝绳只允许绕一层，若使用自动绕绳系统，允许绕两层；货用物料提升机采用卷筒驱动时，允许绕多层，多层缠绕时，应有排绳措施。

⑥当吊笼停止在最低位置时，留在卷筒上的钢丝绳不应小于三圈。

⑦卷筒两侧边缘大于最外层绳的高度不应小于直径的两倍。

⑧曳引式驱动物料提升机，当吊笼或对重停止在被其质量压缩的缓冲器上时，提升钢丝绳不应松弛。当吊笼超载25％并以额定提升速度上、下运行和制动时，钢丝绳在曳引轮绳槽内不应产生滑动。

⑨人货两用施工升降机的驱动卷筒应开槽，卷筒绳槽应符合下列要求：

a. 绳槽轮廓应为大于120°的弧形，槽底半径$R$与钢丝绳半径$r$的关系应为$1.05\gamma < R \leqslant 1.075r$

b. 绳槽的深度不小于钢丝绳直径的1/3。

c. 绳槽的节距应大于或等于1.15倍钢丝绳直径。

⑩人货两用施工升降机的驱动卷筒节径与钢丝绳直径之比不应小于1∶30。对于V形或底部切槽的钢丝绳曳引轮，其节径与钢丝绳直径之比不应小于1∶31。

⑪货用物料提升机的驱动卷筒节径、曳引轮节径、滑轮直径与钢丝绳直径之比不应小于1∶20。

⑫制动器应是常闭式，其额定制动力矩，对人货两用施工升降机，不低于作业时的额定制动力矩的1.75倍；对货用物料提升机，不低于作业时的额定制动力矩的1.5倍。不允许使用带式制动器。

⑬人货两用施工升降机钢丝绳在驱动卷筒上的绳端应采用楔形装置固定，货用物料提升机钢丝绳在驱动卷筒上的绳端可采用压板固定。

⑭卷筒或曳引轮应有钢丝绳防脱装置，该装置与卷筒或曳引轮外缘的间隙不应大于钢丝绳直径的20％，且不大于3mm。

## 第四节　SC型物料提升机的基本构造

齿轮齿条式物料提升机是一款介于传统钢丝绳式（SS型载

物）物料提升机和齿轮齿条式（SC型载人载物）物料提升机之间的一款新型物料提升机，它将两者的优点完美结合，具有：性能稳定、安全可靠、载重量大、绿色环保等特点。

齿轮齿条式物料提升机是由底架、导轨组合、通道防护装置、吊笼、传动系统、电气控制系统、安全保护装置等构成。其典型结构图如图 5-16 所示。

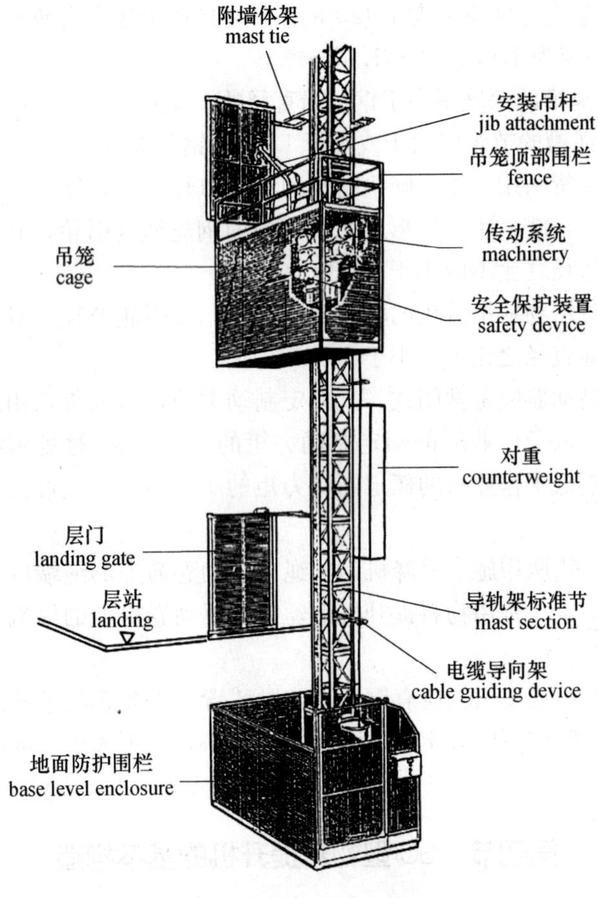


图 5-16　齿轮齿条式物料提升机结构图

## 一、底架

底架是用来支承和安装提升机其他所有组成部分的最下部的构架。如图 5-17 所示。

底架承受物料提升机作用于其上的所有载荷，并能有效地将载荷传递到其支承面上。底架由型钢和钢板拼焊而成，四周与地面防护围栏连接，中央为导轨架底座。安装时，底架通过螺栓与基础预埋件紧固在一起。

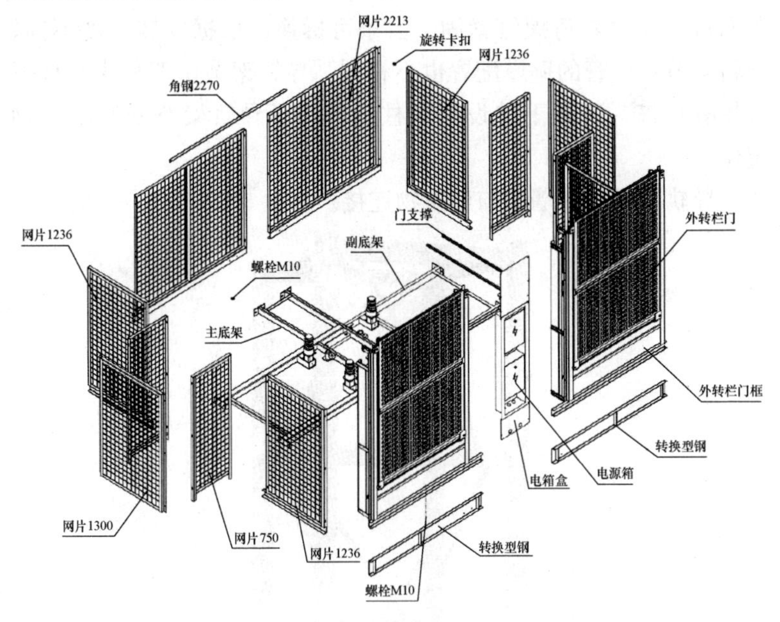


图 5-17 底架示意图

## 二、导轨组合

导轨组合是由导轨架、附墙架和缓冲器三部分组成的。

1. 导轨架

导轨架是齿轮齿条式物料提升机的运行轨道，用以支承和引导吊笼、对重等装置运行的金属构架。是齿轮齿条式物料提升机的主体结构之一，主要作用是支撑吊笼、荷载以及平衡重，并对吊笼运行垂直导向。因此，导轨架必须垂直并有足够的强度和刚度。

导轨架是由导轨架节组成的，通常称为标准节，是组成导轨架的不可再分割的结构件。如图 5-18 所示。导轨架节由无缝钢管或焊管、角钢或冷弯型钢、钢管等焊接而成，导轨架节装有齿条（单笼导轨架节为 1 根齿条，双笼导轨架节为 2 根齿条），每根齿条通过三件内六角螺钉紧固，齿条可拆换，根据安装高度不同，导轨架节主弦管的壁厚配置也不相同。导轨架节由四根主弦杆下端焊有止口，齿条下端设有圆柱销，便于导轨架节安装时准确定位。

导轨架通过附墙架与建筑物连接。

图 5-18　导轨架节

对于双笼带对重提升机，在导轨架节的两个无齿条立面上焊有对重滑道。滑道为角钢与扁钢的焊接结构。为了装入对重方便，每部提升机底部的两个导轨架节（基础节）的对重滑道采用螺栓连接形式紧固在导轨架节上。

2. 附墙架

附墙架是导轨架与建筑物之间的连接部件，用以保持齿轮齿条式物料提升机导轨架及整体结构的稳定。

附墙架平面与附着面的法向夹角不应大于 80°，实际架设中最上一道附墙与导轨架顶端的自由高度不应大于 7.5m。导轨架垂直度偏差应符合表 5-1 要求。

**表 5-1 导轨架垂直度偏差**

| 导轨架设高度<br>m | $h \leqslant 70$ | $70 < h \leqslant 100$ | $100 < h \leqslant 150$ | $150 < h \leqslant 200$ | $h > 200$ |
|---|---|---|---|---|---|
| 垂直度偏差<br>mm | 不大于导轨假设高度的 1/1000 | ≤70 | ≤90 | ≤110 | ≤130 |

物料提升机附墙架一般有Ⅰ型、Ⅱ型、Ⅲ型和Ⅳ型，实际使用时方便安装、拆卸和维护。

（1）Ⅰ型附墙架：仅供单吊笼物料提升机选用；如图 5-19 所示。

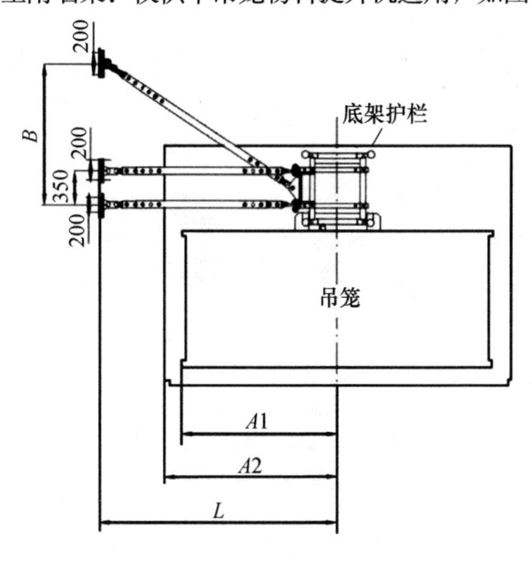


图 5-19 Ⅰ型附墙架

（2）Ⅱ型附墙架：可供有对重或无对重、有驾驶室或无驾驶室的单吊笼或双吊笼物料提升机选用。当工地现场具有脚手架或登楼连接平台时，此附墙架可以替代Ⅲ型附墙架使用。如图 5-20 所示。

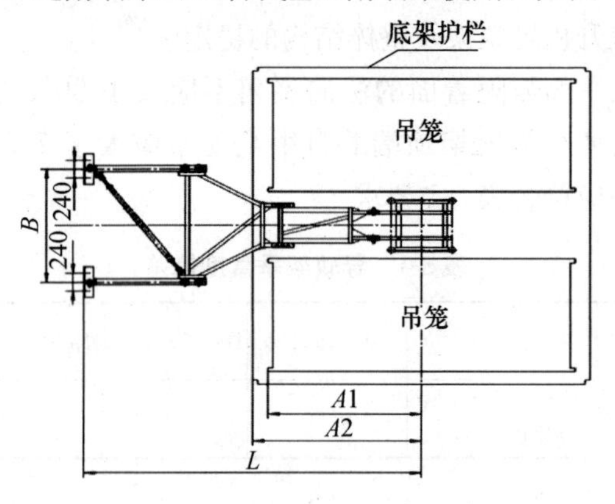


图 5-20　Ⅱ型附墙架

（3）Ⅲ型附墙架：适用范围与Ⅱ型附墙架相同。此附墙架必须配置过道竖杆、短前支撑及过桥联杆（效果：使用登楼连接平台可直接搁置在导轨架上）。如图 5-21 所示。

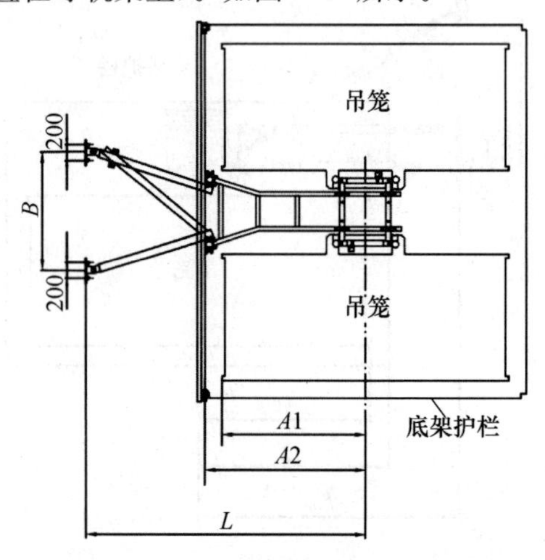


图 5-21　Ⅲ型附墙架

（4）Ⅳ型附墙架：可供单吊笼或双吊笼、无对重、无驾驶室的物料提升机选用。如图 5-22 所示。

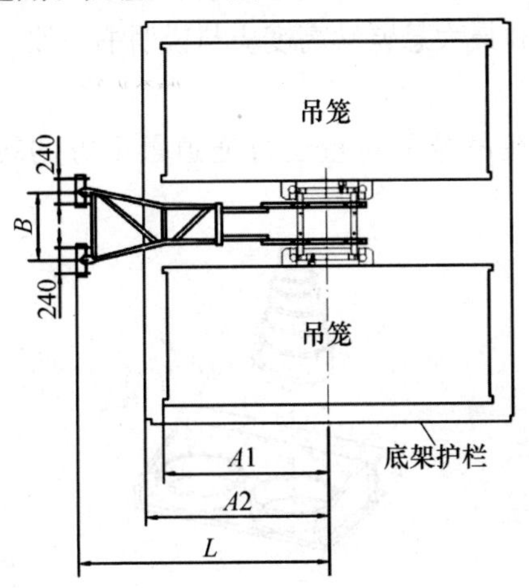


图 5-22　Ⅳ型附墙架

（5）附墙架与墙的连接有以下几种方式：

与墙上的预埋件相连接、用穿墙螺栓固定。如图 5-23 所示。

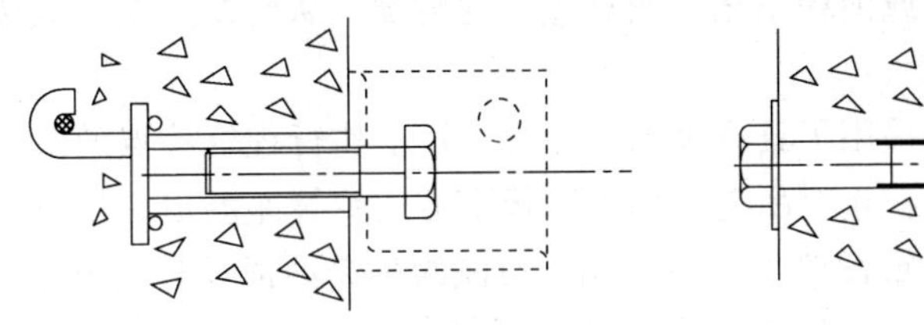

预埋螺栓 与钢结构焊接

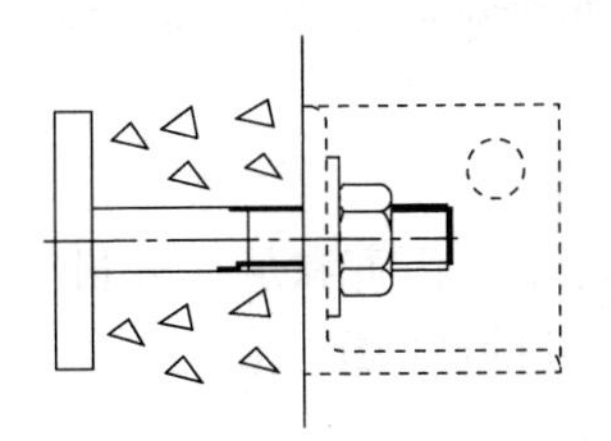

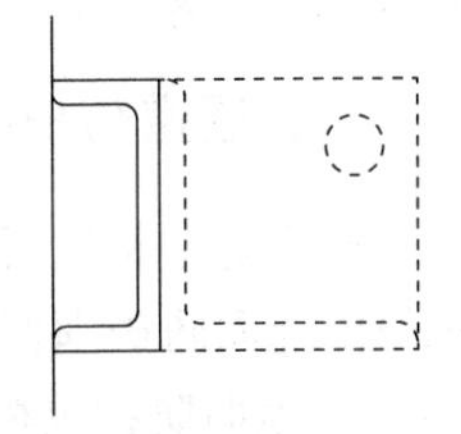

图 5-23　附墙架与墙的连接

附墙架最大安装间距及最大悬臂端高度。

各类附墙架必须按规定间距附着在建筑物上，各类附墙架的最大附墙间距和最大悬臂端高度应与说明书一致。

3. 缓冲器

缓冲器是在吊笼和对重运行通道最下方的缓冲装置。如图5-24所示。

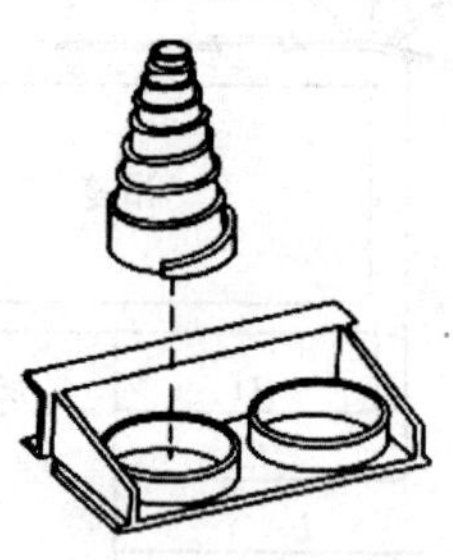

图 5-24　吊笼缓冲器

缓冲器是吊笼下行时的最后一道安全装置。其作用是：当吊笼（或对重）超越极限开关所控制的位置，以至撞击缓冲器时，由缓冲器吸收或消耗吊笼（或对重）的能量，从而使其安全减速直至停止。

缓冲弹簧采用了具有大承载能力、短工作行程等特点的蜗卷弹簧。它安放在正对吊笼底部丁字板下方的弹簧座圈里。带对重提升机还为对重设置了缓冲弹簧，以减缓吊笼冲顶时对重与地面的冲击。对重缓冲弹簧采用了圆柱螺旋弹簧。双笼提升机每个对重下设置一个缓冲弹簧，单笼提升机每个对重设置两个缓冲弹簧。

## 三、通道防护装置

通道防护装置可防止人员被运动件伤害和从提升机上坠落。一般由地面防护围栏和各层站入口处的层门组成。

1. 地面防护围栏

地面防护围栏应围成一周，高度应不小于 2.0m，所有吊笼和运动的对重都应在地面防护围栏的包围内。围栏登机门应具有机械连锁装置和电气安全开关，使吊笼只有在位于底部规定位置时，围栏登机门才能开启，而在该门开启后吊笼不能启动。围栏门的电气安全开关可不装在围栏上，对重应置于地面围栏内。为便于维修，围栏可另设入口门，该门只能从里面打开。

2. 各层站入口处的层门

层站是建筑物或其他结构物上供运载装置装载和卸载的地点。

层门与提升机运动件之间应不可能发生碰撞，层门不应朝升降通道打开，层门只有在吊笼地板离该登机平台的垂直距离在±0.25m 以内时才可打开。

## 四、吊笼

吊笼是提升机载物的部件，如图 5-25 所示。

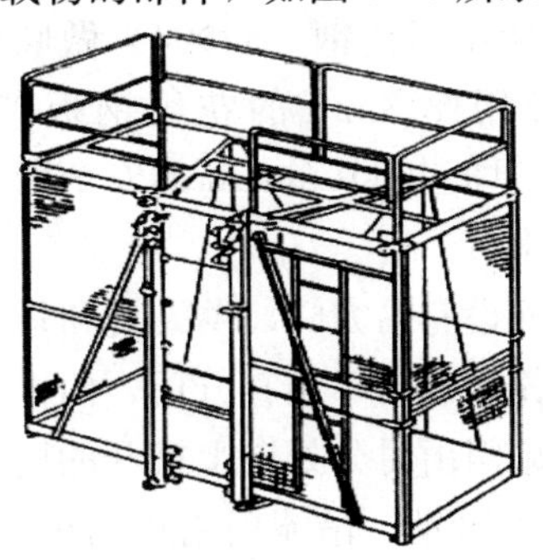

图 5-24　吊笼

吊笼内安装有提升机的传动系统、电气控制系统和防坠安全器等关键部件。对于带对重的提升机，在吊笼顶部还安装有绳轮和钢丝绳架。吊笼顶部还是安装及拆卸导轨架节、附墙架、对重和其他附件的工作平台。提升机自备的起重吊杆安装座也设置在吊笼顶部。

吊笼为一种钢结构，由安装在吊笼上的滚轮沿导轨架运行，并设有进、出口门。吊笼顶部设有活动门，通过配备的专用梯子，可方便地攀登到吊笼顶部进行安装和维修，在安装和拆卸时，吊笼顶部可作为工作平台，由笼顶护栏围住。

吊笼上装有电气连锁装置，当笼门开启时吊笼将停止工作，确保吊笼内人员的安全。吊笼一侧装有司机室，供司机操作时使用。全部操作开关均设在司机室内。

吊笼的主要承力结构是主立柱和上、下纵梁。主立柱分左右两根，用槽钢（14 号槽钢）加工而成。立柱上有传动机构和安全器底板的安装孔，导向滚轮组的安装孔和安全护钩的安装孔，两根立柱与底部丁字板和上横梁（10 号槽钢）焊接成门式结构，上、下纵梁呈外八字形与主立柱焊接，使吊笼结构的主体具有较好的刚性。为了减轻自重，上纵梁采用工字钢，下纵梁用钢板焊接成变截面工字钢结构。

在吊笼结构中使用了角钢（36×4）做底框、顶框、门框和拉杆。吊笼的底板用厚 3mm 的花纹钢板铺设，顶板使用厚 1.5mm 的钢板，四周折出 110mm 高的安全围沿。顶板上设有可供出入的紧急安全出口。

吊笼的前、后面设有吊笼门，供人员和货物进出。根据施工使用条件，通常吊笼前门为单扇直开门，门由下向上开启。后门为双扇对开门，上扇门由对分处向上推开的同时，下扇门由钢丝绳带动沿门滑道向下滑动。吊笼门由单门扇、双门扇、门滑轮、绳轮、门配重、配重滑道等组成。单开门门扇是用方管焊成门扇框，上面再点焊钢丝网制成。两个门滑轮在开关门时起导向作用，门的下面两侧焊有挂耳，钢丝绳拴在挂耳上绕过固定在吊笼上的门绳轮与门配重相连。

## 五、传动系统

传动系统包括驱动体和驱动单元，驱动体是将传动装置相互连接成整体结构的部件，它将驱动单元产生的驱动力传递给吊笼，使之能够上下运行。驱动单元是物料提升机运行的动力部分，该机由一组或几组动力源同时工作、共同作用，带动物料提升机自重部分及吊笼内载荷（或施工人员）上下运行。驱动单元由驱动齿轮、减速器、联轴器（梅花形弹性元件）、电动机（带制动器）等组成。

根据物料提升机型号的不同，减速器主要有圆弧圆柱蜗杆减速器、锥齿圆柱齿轮减速器和蜗轮蜗杆斜齿轮减速器。

联轴器可根据具体情况选择，主要采用弹性挠爪式，两联轴器间有弹性元件（聚氨酯材料）以减轻运行时的冲击和振动。进口驱动单元中减速器和电机为一体设计，简称减速电机。

电动机为起重用盘式制动三相异步电机，其制动器电磁铁可随制动盘的磨损实现自动跟踪（进口减速电机不能自动跟踪磨损量），且制动力矩可调。

## 六、电气控制系统

电气控制系统是齿轮齿条式物料提升机的机械运行控制端口，齿轮齿条式物料提升机的所有动作都是由电气控制系统操纵运行。电气控制系统包括电控箱、电阻箱、电源箱、司机室操纵台或遥控装置、主控制电缆及各种限位开关等。

电源箱是齿轮齿条式物料提升机控制部分的电源供给处。

电控箱是齿轮齿条式物料提升机电气控制系统的心脏部分，内部主要配有上下运行接触器、控制变压器、过热保护器及断相与相序保护继电器等。

## 七、安全保护装置

1. 安全护钩

齿轮齿条式物料提升机吊笼上沿导轨设置的安全钩不应少于

两对。安全钩应能防止吊笼脱离导轨架或防坠安全器输入端齿轮脱离齿条。

2. 导轮挡块

防止齿轮脱离齿条。

3. 机械门锁

主要包括围栏门、吊笼门机械连锁开关。

吊笼门机械连锁开关是防止吊笼运行中笼门被打开的装置。

围栏门机械连锁开关是防止人员进入吊笼底部的装置。

4. 缓冲弹簧

是吊笼和对重冲底时的缓冲装置。

5. 防护围栏

限制人员随意进入。

6. 行程安全控制开关

行程安全控制开关是指当物料提升机的吊笼超越了允许运动的范围时，能自动停止吊笼的运行。主要有上下行程限位开关和极限开关。

(1) 行程限位开关

上下行程限位开关安装在吊笼安全器底板上，当吊笼运行至下限位位置时，限位开关与导轨架上的限位挡板碰触，吊笼停止运行，当吊笼反方向运行时，限位开关自动复位。

上限位开关的安装位置：当额定提升速度小于 0.8m/s 时，触板触发该开关后，上部安全距离不应小于 1.8m，当额定提升速度大于或等于 0.8m/s 时，触板触发该开关后，上部安全距离应满足下式的要求：

$$L=1.8+0.1v^2$$

式中 $L$——上部安全距离的数值（m）；

$v$——提升速度的数值（m/s）。

(2) 极限开关

SC型物料提升机必须设置极限开关，极限开关由上下极限开关组成，当吊笼在运行时如果上下限位开关出现失效，超出限位挡板，并越程后，极限开关须切断总电源使吊笼停止运行。极限开关应为非自动复位型的开关，其动作后必须手动复位才能使吊笼重新启动。在正常工作状态下，下极限开关挡板的安装位置，应保证吊笼碰到缓冲器之前，极限开关应首先动作。

上限位与上极限开关之间的越程距离：齿轮齿条式物料提升机不应小于0.15m，钢丝绳式物料提升机不应小于0.5m。下极限开关在正常工作状态下，吊笼碰到缓冲器之前，触板应首先触发下极限开关，极限开关不应与限位开关共用一个触发元件。

7. 安全装置连锁控制开关

当物料提升机出现不安全状态，触发安全装置动作后，能及时切断电源或控制电路，使电动机停止运转。该类电气安全开关主要有防坠安全器安全开关、防松绳开关、门安全控制开关。

（1）防坠安全器安全开关

防坠安全器动作时，设在安全器上的安全开关能立即将电动机的电路断开，使制动器制动。

（2）防松绳开关

物料提升机的对重钢丝绳绳数为两条时，钢丝绳组与吊笼连接的一端应设置张力均衡装置，并装有由相对伸长量控制的非自动复位型的防松绳开关。当其中一条钢丝绳出现的相对伸长量超过允许值或断绳时，该开关将切断控制电路，同时制动器制动，使吊笼停止运行。

对重钢丝绳采用单根钢丝绳时，也应设置防松（断）绳开关，当物料提升机出现松绳或断绳时，该开关应立即切断电机控制电路，同时制动器制动，使吊笼停止运行。

（3）门安全控制开关

当物料提升机的各类门没有关闭时，物料提升机就不能启动；而当物料提升机在运行中把门打开时，物料提升机吊笼就会自动停止运行。该类电气安全开关主要有：单行门、双行门、顶盖门、围栏门等安全开关。

8. 电路安全装置

（1）错相断相保护器：电路应设有相序和断相保护器，当电路发生错相或断相时，保护器就能通过控制电路及时切断电动机电源，使物料提升机无法启动。

（2）超载保护装置：超载限制器是用于物料提升机超载运行的安全装置。当质量传感器得到吊笼内载荷变化而产生微弱信号，输入放大器后，将 AD 转换成数字信号，再将信号送到微处理器进行处理，其结果与所设定的动作点进行比较，如果通过所设定的动作点，则继电器正常工作。当载荷达到额定载荷的 90%时，警示灯闪烁，报警器发出断续声响；当载荷接近或达到额定载荷的 110%时，报警器发出连续声响，此时吊笼不能启动。

（3）热继电器：热继电器是电动机的过载保护元件，当电动机发热超过一定温度时，热继电器就及时分断主电路，电动机失电停止转动。热继电器的工作原理是流入热元件的电流产生热量，使有不同膨胀系数的双金属片发生形变，当变形达到一定距离时，就推动连杆动作，使控制电路断开，从而使接触器失电，主电路断开，实现电动机的过载保护。

（4）短路保护：电气安全装置的回路短路或由于与金属构件接触而造成短路，短路保护装置立即停止机器的运动。

（5）急停按钮：当吊笼在运行过程中发生各种原因的紧急情况时，司机能在任何时候按下急停按钮，使吊笼停止运行。急停按钮必须是非自行复位的安全装置。

9. 防坠安全器

防坠安全器需选用 SAJ 型防坠安全器。

## 第五节　SS 型物料提升机的基本构造

钢丝绳物料提升机是由底架、架体、天轮架、吊笼、卷扬机、钢丝绳、电气系统、安全保护装置、小梁、大梁等组成。

底架紧固于专用的钢筋混凝土基础上，其上部与架体的基础节、标准节相连。架体顶部为天轮架。卷扬机固定在底架上，提升钢丝绳由卷扬机卷筒引出，经架体顶部的天轮架滑轮绕过吊笼提升滑轮，返上绳头固定于天轮架的横梁上。S100/100 型物料提升机如图 5-26 所示。

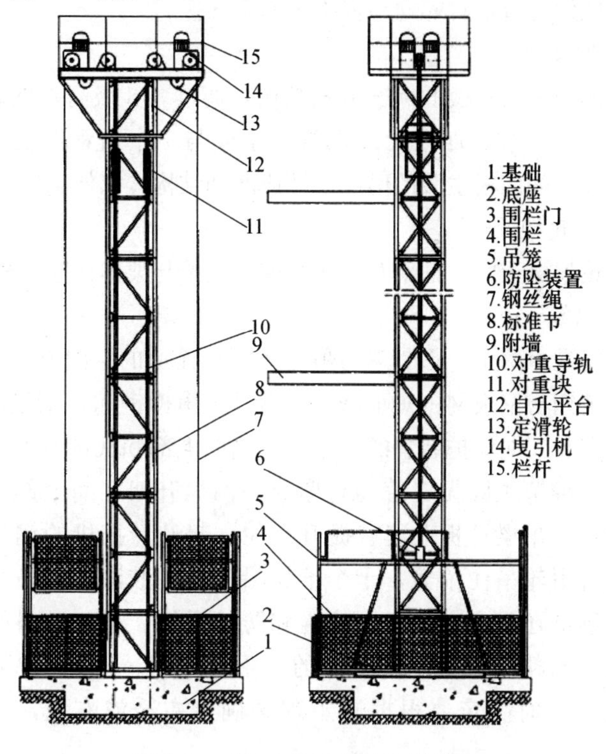


图 5-26　SS100/100 型物料提升机

## 一、钢结构部分

钢结构主要包括底架、架体（基础节、标准节）、天轮架、吊笼、吊杆等。

1. 底架

底架为由槽钢组焊而成的平面桁架结构。其上有安装架体基础节的连接法兰、有承托吊笼的缓冲装置。底架左右两边焊有槽钢接头，分别用螺栓与底架支腿连接以增加底架的支撑面积和机体的稳定性。单笼的卷扬机安装在底架右边（常规）的大梁上，双笼的卷扬机安装在底架前、后侧的卷扬机框架上。整个底架和卷扬机框架通过地脚螺栓与混凝土基础连接。

2. 架体

架体采用可互换的标准节式结构，通过 8.8 级高强度螺栓连接组成。标准节由四根无缝钢管的主肢与三个角钢框架组焊而成。标准节的四根主肢的两端设计成凸凹结构，以便定位。

3. 天轮架

天轮架由天梁、框架及滑轮组成，框架与架体标准节相连。

4. 吊笼

吊笼是由两个 b 形骨架与吊笼体焊接而成的空间笼体。吊笼体是由角钢与钢板网围焊而成，b 形骨架由槽钢和角钢组成，顶部焊有安装断绳保护装置的支座，一侧的上部和底部共安装十个滚轮与标准节主肢无缝管吻合紧靠，两提升架之间上部由槽钢吊梁相连，吊梁耳板上装有提升滑轮，起升卷扬机的钢丝绳通过该起升滑轮吊住吊笼，十个滚轮沿架体主肢滚动使吊笼上下运行。顶部还设有安全停靠装置和防护栏杆，吊笼进料门能自动启闭，出料门为有平衡配重的上下推拉门。SS100 单笼物料提升机订货时一定要根据施工现场确定左笼或右笼，常规为左笼。

5. 吊杆

吊杆固定在架体的主肢上。通过卷扬机对架体和天轮架进行安装、拆卸。

## 二、起升机构

起升机构主要由卷扬机、起升钢丝绳、天轮架导向定滑轮和吊笼上的动滑轮组成。如图 5-27 所示。卷扬机主要由电动机、联轴器、制动器、减速机、卷筒等组成。

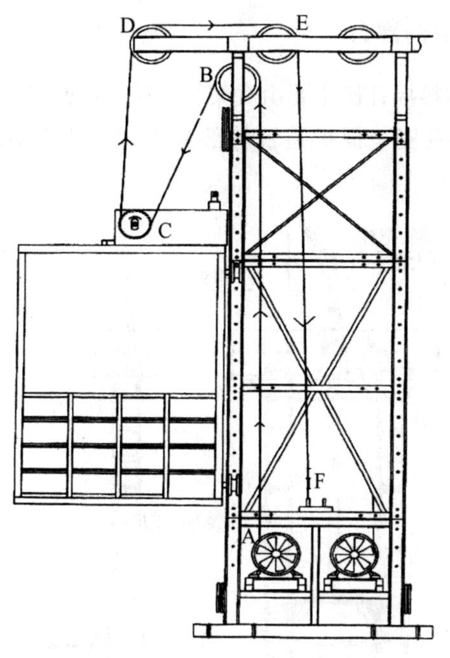


图 5-27　SS100/100 起升机构

## 三、安全保护装置

安全保护装置主要由行程限位、质量限制器、停靠装置和断绳保护装置、缓冲装置及电气安全装置组成。

此类提升机质量限制器的工作原理是起升钢丝绳绕过质量限制器的导向轮，钢丝绳拉力通过导向轮传给压簧拉杆，当拉力增大时，压簧拉杆压缩压簧往外移，行程开关拉线随之外移，当拉力达到大于100％小于110％额载时，行程开关触点断开，提升机停止动作。

## 第六节　门架式物料提升机的基本构造

### 一、钢结构部分

门架式物料提升机主要由底架、立柱、自升平台、吊篮、驱动装置、附墙架及安全保护装置等部分组成。其典型结构如图 5-28 所示。

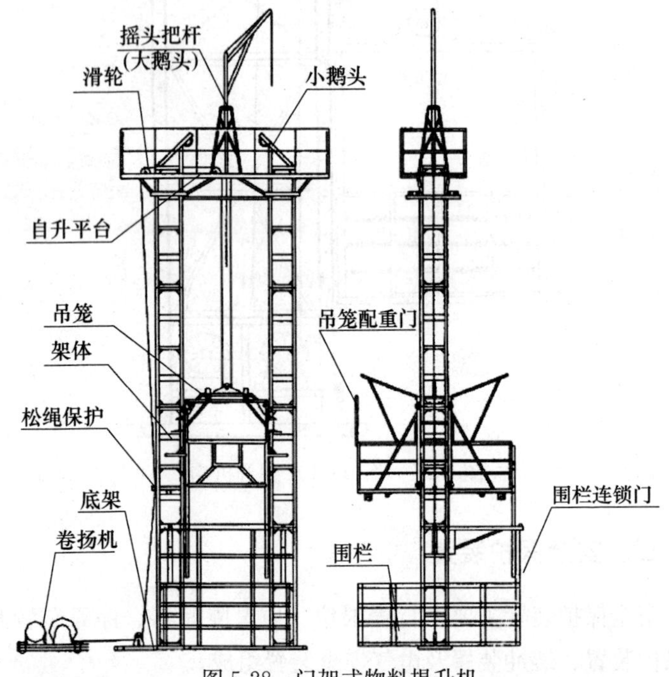


图 5-28　门架式物料提升机

## 一、底架

底架由槽钢、角钢焊接组成，上面可固定标准节、地滑轮，用于承受所有负荷，下面通过预埋地脚螺栓与基础连成一体。

## 二、立柱

立柱由若干个标准节用螺栓连接组成，可根据建筑施工需要增加高度。其种类分为两种：标准型和加强型。标准节常见的有 450 mm×600 mm、500 mm×500 mm、600 mm×600 mm。

## 三、自升平台

自升平台由套架及其栏杆、天梁、滑轮、摇头把杆等零部件组成，是拆装人员加高或降低作业时的操作平台。自升平台一般用槽钢、角钢焊接而成，套架内侧装有导轮。

## 四、吊笼

吊笼是由型钢焊接而成的一个框架结构，是运送货物的一个篮子，又称吊篮。吊笼需四面封闭，防止砖、石子等物料从吊笼中滑落伤人，两侧有防护网，前、后有进出料安全门，高架提升机还需在顶部设置防护顶棚。吊笼上装有停靠装置和防坠保险装置。吊篮进料门一般为机械自落式，吊笼下降到底层、自动打开吊笼上升时自动关闭，无需人工操作，安全实用。吊笼出料门一般为对重式，需人工开启和关闭。

## 五、驱动装置

驱动装置一般选用卷扬机。

## 六、附墙架

附墙架的主要作用是增强提升机架体的稳定性。因此附墙架必须将架体与建筑结构进行连接并形成稳定结构，否则会失去主要作用。常见的安装方式如图 5-29 所示。

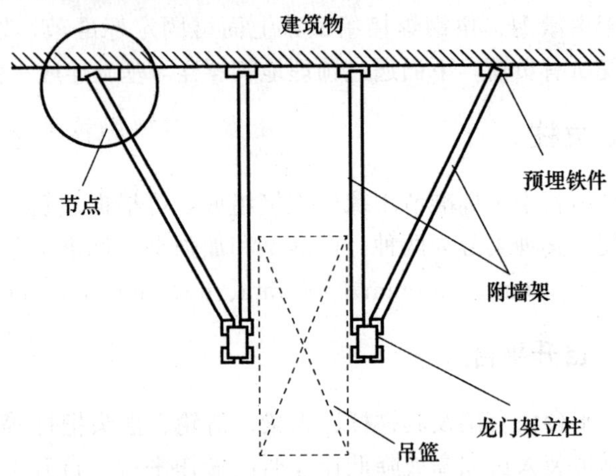


图 5-29　门架式物料提升机附墙架安装示意

## 七、安全保护装置

安全保护装置主要由行程限位、质量限制器、停靠装置和断绳保护装置、缓冲装置及电气安全装置组成。

# 第七节　井架式物料提升机的基本构造

## 一、基本构造

井架式物料提升机主要由架体、吊笼、驱动装置、附墙装置及摇臂把杆等部分组成。

1. 架体

架体由底架、立杆、横杆、斜杆、导轨、顶架等部分组成。底架是由底梁、夹板组成的一个矩形框体，并与底节立柱角钢固定，四角用压板固定于基础上。在立柱角钢上通过翼板连接斜撑杆和横撑杆即可组成一个框架结构体，然后逐层往上加高至需要的高度，再装上顶架即成架体。顶架由天梁及其托架组成，采用槽钢制作，天梁上有两只滑轮。架体内侧有四根导轨，它们一方面作为吊笼运行的导向装置，另一方面又对顶架起到支撑作用。见图 5-30。

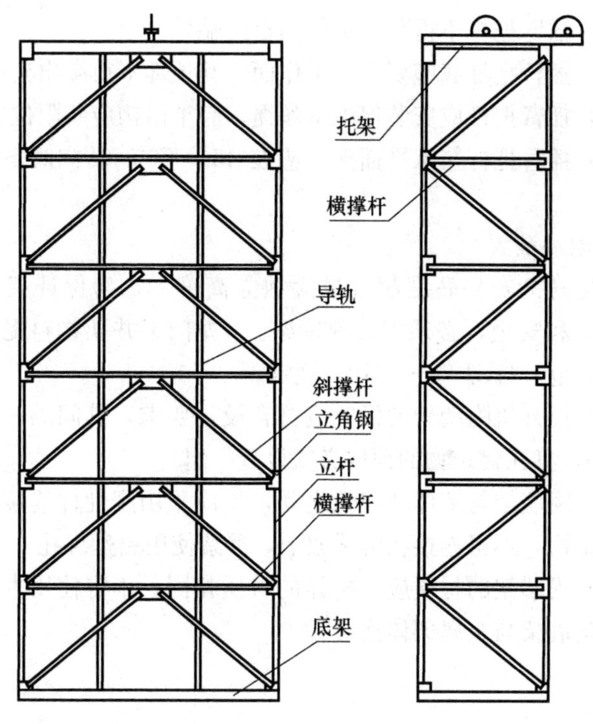


图 5-29　井架式物料提升机架体

2. 吊笼

吊笼是由型钢焊接而成，两侧有防护网，前后有防护门，顶部有活动顶盖，便于人员上到顶部进行维修和架设工作。前防护门一般做成自落式，吊笼下降到底层时自动打开。吊笼上有停靠装置和防坠安全装置。安全装置有模块式和偏心轮式两种。

3. 驱动装置

驱动装置一般选用卷扬机。

4. 摇臂把杆

为吊装较长的杆状物料，井字架一般设摇臂把杆，摇臂把杆起重量不大于600kg。

（1）摇臂把杆不得装在架体的自由端处。

（2）摇臂把杆底座要高出工作面，其顶部不得高出架体。

（3）摇臂把杆应安装保险钢丝绳，起重吊钩应装限位装置。

（4）摇臂把杆与水平面夹角应在45°～70°，转向时不得触及缆风绳。

5. 附墙装置

当提升机安装高度超过最大独立高度后，为保证架体的垂直、稳定和安全，必须安装附墙架。《龙门架井架物料提升机安全技术规范》（JGJ 88—2010）规定。

（1）提升机附墙架的设置应符合设计要求，其间隔一般不宜大于9m，且在建筑物的顶层必须设置一组。

（2）附墙架与架体及建筑之间，均应采用刚性件连接，并形成稳定结构，不得连接在脚手架上，严禁使用铅丝绑扎。

（3）附墙架的材质应与架体的材质相同，不得使用木杆、竹竿等做附墙架与金属架体连接。

# 第六章　物料提升机安全使用

## 第一节　物料提升机驾驶员的安全职责

### 一、物料提升机驾驶员的安全职责

1. 认真学习贯彻执行党和国家的有关安全法规标准。

2. 严格执行上级有关部门的提升机安全操作规章制度。

3. 认真做好提升机驾驶安全检查、维修、保养工作。

4. 爱护和正确使用电气设备、工具和个人防护用品。

5. 在作业中发现不安全情况，应立即采取紧急措施，并向有关部门领导汇报。

6. 努力学习提升机驾驶操作技术，能正确处理和排除工作中的安全隐患及故障。

7. 有权拒绝违章指挥，有权制止任何人违章作业。

### 二、物料提升机驾驶员的岗位责任制内容

1. 严格遵守安全操作规程，严禁违章作业。

2. 认真做好作业前的检查、试运转。

3. 及时做好班后整理工作，认真填写试车检查记录、使用记录（一般包括运行记录、维护保养记录、交接记录和其他内容）。

4. 严格遵守施工现场的安全管理规定。

5. 做好“调整、紧固、清洁、润滑、防腐”等维护保养

工作。

6. 及时处理和报告提升机故障及安全隐患。

## 第二节　物料提升机的安全使用和安全操作

### 一、物料提升机的安全使用

1. 物料提升机有专职机构和专职人员管理。

2. 组装后进行验收，并进行空载、动载和超载试验。

3. 司机应经专门培训，人员要相对稳定，每班开机前，应对卷扬机、钢丝绳、地锚、缆风绳进行检验，并进行空载运行。

4. 严禁载人。物料提升机主要是运送物料的，在安全装置可靠的情况下，装卸料人员才能进入到吊笼作业，严禁各类人员乘吊笼升降。

5. 禁止攀登架体和从架体下面穿越。

6. 司机在通讯联络信号不明时不得开机，作业中不论任何人发出紧急停车信号，司机应立即执行。

7. 缆风绳不得随意拆除。凡需临时拆除的，应先行加固，待恢复缆风绳后，方可使用升降机；如缆风绳改变位置，要重新埋设地锚，待新缆风绳拴好后，原来的缆风绳方可拆除。

8. 严禁超载运行。

9. 司机离开时，应降下吊笼并切断电源。

10. 物料提升机必须做好定期检查工作。

### 二、物料提升机的安全操作

1. 物料提升机安全操作规程。

(1) 物料提升机司机必须经过有关部门专业培训，考核合格后取得特种作业人员操作资格证书，持证上岗。

（2）必须定机、定人、定岗责任（称为“三定制度”）。

（3）物料提升机司机必须进行班前检查和保养，包括查验：操作前，检查卷扬机与地面固定情况：防护设施、电气线路现状，钢丝绳有无断丝磨损；制动器灵敏松紧适度，联轴器螺栓紧固、弹性橡胶皮圈完好、无缺少，接零接地保护装置良好；卷筒上绳筒保险完好及排绳不得缺挡松动；传动部位（轮、轴）、转动部位防护齐全可靠，确认各类安全装置是否安全可靠，全部合格后方可操作运行。

（4）物料提升机司机应在班前进行空载试运行。

（5）开机前应先检查吊笼门是否关闭，货物是否放置平稳，有无伸出笼外部分。

（6）物料在吊笼内应均匀分布，不得超出吊笼。长料立放于吊笼内，应采取防滚动措施；散料应装箱或用专用容器盛装。

（7）操作前须检查吊笼是否与其他施工件有连接，并随时注意建筑物上的外伸物体，防止与吊笼碰撞。

（8）严禁超载运行；禁止载人运行。

（9）物料提升机司机操作时，高架提升机应使用通信装置联系。低架提升机在多工种、多楼层同时使用时，应设专门指挥人员，信号不清不得开机。作业中无论任何人发出紧急停止信号，必须立即服从，待查明原因后方可继续操作运行。

（10）发现安全装置、通信装置失灵时应立即停机修复。

（11）操作中或吊笼尚悬空吊挂时，物料提升机司机不得离开操作岗位。

（12）当安全停靠装置没有固定好吊笼时，严禁任何人员进入吊笼；吊笼安全门未关好或作业人员未离开吊笼时，不得升降吊笼。

（13）严禁任何人员攀登、穿越物料提升机架体和乘坐吊笼上下。

(14) 发现安全装置、通信装置失灵时，应立即停机修复。

(15) 作业中不得将极限限位器当停止开关使用。

(16) 使用中物料提升机司机必须时刻注意钢丝绳的状态，卷筒上钢丝绳应排列整齐，吊笼落至地面时，卷筒上钢丝绳至少应保留3圈以上的安全圈。当重叠或乱绳时，应停机重新排列，严禁在转动中手拉脚踩钢丝绳。

(17) 装设自升式摇臂把杆的井字架、门架，其吊笼与摇臂把杆不得同时使用。

(18) 闭合电源前或作业中突然停电时，应将所有开关扳回零位。在重新恢复作业前，应在确认提升机动作正常后方可继续使用。

(19) 物料提升机发生故障或维修保养时必须停机，切断电源后方可进行；维修保养时应切断电源，在醒目处挂“禁止合闸、正在检修”的标志，现场须有人监护。

(20) 提升钢丝绳运行中不得拖地面和被水浸泡；必须穿越主要干道时，应设置保护措施；严禁在钢丝绳穿行的区域内堆放物料。

(21) 物料提升机司机必须坚守岗位，不得擅离岗位，暂停作业离开时，应将吊笼降至地面并切断总电源。

(22) 作业结束后，应降下吊笼，将所有开关扳回零位，切断总电源，锁好物料提升机开关箱，防止其他人员擅自启动提升机。

2. 作业前重点检查内容

(1) 检查架体、吊笼有无开焊、裂纹、变形现象；检查架体、附墙架（缆风绳）、地锚等连（拉）接部位是否紧固可靠。

(2) 断绳保护、停层定位装置动作可靠。

(3) 钢丝绳磨损在允许范围内。

(4) 吊笼及滑轨导向装置无异常。

（5）滑轮、卷筒防钢丝绳脱槽装置可靠有效。

（6）吊笼运行范围内无障碍物。

（7）电源接通前，检查地线、电缆是否完整无损，操纵开关是否置于零位。

（8）电源接通后，检查电压是否正常、机件有无漏电、电气仪表是否灵敏有效。

（9）进行空载运行，检查上下限位开关、极限开关及其碰铁是否有效、可靠、灵敏。

（10）超载限制器灵敏有效。

（11）制动器可靠有效。

（12）限位器灵敏完好。

（13）检查各润滑部位应润滑良好。如润滑情况差，应及时进行润滑；油液不足应及时补充润滑油。

3. 作业中的注意事项

在使用过程中，司机可以通过听、看、试等方法及早发现提升机的各类故障和隐患，通过及时检修和维护保养，可以避免其零部件的损坏或损坏程度的扩大，避免事故的发生。

（1）严格遵守安全操作规程。

（2）物料提升机严禁载人。

（3）物料应在吊笼内均匀分布，不得有过度偏载现象。

（4）不得装载超出吊笼空间的超长物料，严禁超载运行。

（5）在任何情况下，不得使用限位开关代替控制开关运行。

（6）当发生防坠安全器制停吊笼的情况时，应查明制停原因，排除故障，并应检查吊笼、导轨架及钢丝绳，应确认无误并重新调整防坠安全器后再运行。

（7）当发现安全装置失灵时必须立即停机，待查明制停原因、排除故障、经确认无误后方可继续操作。

（8）物料提升机在大雨、大雾、风速 13m/s 及以上大风等恶劣天气时，必须停止运行。

4. 作业结束后的安全要求

（1）工作完毕后，司机应将吊笼停靠至地面层站。

（2）司机应将控制开关置于零位，切断电源开关。

（3）司机在离开吊笼前应检查一下吊笼内外情况，做好清洁保养工作，熄灯并切断控制电源。

（4）司机离开吊笼后，应将吊笼门和防护围栏门关闭严实，并上锁。

（5）切断提升机专用电箱电源和开关箱电源。

（6）如装有空中障碍灯时，夜间应打开障碍灯。

（7）当班司机要写好交接班记录，进行交接班。

5. 安全操作的基本程序

（1）按有关要求做好操作前的检查。

（2）操作前检查情况良好时，合上地面站主开关。

（3）合上操作台电源三相开关。

（4）按压标明方向符号的控制按钮，物料提升机吊笼起升。

（5）按有关条款内容集中精力操作物料提升机。

（6）按压停车按钮，提升机吊笼停车。

（7）如果各停靠站都装有限位撞铁做自动停层之用，则应在停层前按压反向按钮。

（8）物料提升机吊笼到达顶部或地面停靠站前应按压停车按钮，不允许用上下限位装置做顶部停靠站或地面站的停层关车之用。以防其失灵造成吊笼在顶部倾翻事故或冲击地坑的事故。

（9）若从各停靠站上操纵物料提升机，其方法如上所述。

（10）若按压按钮后提升机吊笼未见起升，则应立即按停车按钮，然后通知管理人员排除故障。

## 第三节　物料提升机的检查

### 一、检查基本要求

物料提升机的检查分为每日检查、每周检查、每月检查、季度检查、年度检查。设备操作人员完成每日检查和每周检查，安全检查注意事项如下：

1. 必须由具有相关资格的人员进行操作，如电气检查人员必须具有电工操作证，并经过相关知识培训。

2. 在进行电气检查时，必须穿绝缘鞋。

3. 在进行电机检查时，必须切断主电源 10min 后才能检修。

4. 检查人员应按高处作业安全要求，包括必须戴安全帽、系安全带、穿防滑鞋等，不得穿过于宽松的衣服，应穿工作服。

5. 严禁夜间或酒后进行操作、检查。

6. 升降机运行时，操作人员的头、手绝不能伸出安全围栏外。

7. 除了进行天轮、附墙架连接，标准节连接和电缆导向装置检查时需要将吊笼停在相应检查位置之外，在进行其他检查时都应将吊笼停在底层。

### 二、日常检查

1. 附墙杆与建筑物连接有无松动，或缆风绳与地锚的连接有无松动。

2. 空载提升吊笼做一次上下运行，查看运行是否正常，同时验证各限位器是否灵敏可靠及安全门是否灵敏完好。

3. 在额定荷载下，将吊笼提升至地面 1～2m 高处停机，检查制动器的可靠性和架体的稳定性。

4. 卷扬机各传动部件的连接和坚固情况是否良好。

5. 保养设备必须在停机后进行。禁止在设备运行中进行擦洗、注油等工作。如需重新在卷筒上缠绳时，必须两人操作，一人开机一人扶绳，相互配合。

6. 司机在操作中要经常注意传动机构和磨损，发现磨绳、滑轮磨偏等问题，要及时向有关人员报告并及时解决。

7. 架体及轨道发生变形必须及时维修。

## 三、每周检查

1. 检查电梯上所有滚轮是否松动或位置偏斜，否则紧固或调整。

2. 钢丝绳绳端固定是否牢固。

3. 检查卷扬机底座与基础上的螺栓不得松动，否则紧固。

4. 检查操作台各个按钮是否灵敏可靠、指示灯是否正常。

5. 检查联轴器螺栓是否松动，否则紧固。

6. 检查制动器是否灵敏，否则调整。

7. 检查各限位工作是否正常，否则进行调整及修复。

8. 检查钢丝绳在1m长度范围内断丝数目不得多于钢丝总数的3%，否则应更换。

9. 钢丝绳表面磨损或锈蚀而致使其直径减少7%时，应更换钢丝绳。

10. 检查轮槽是否被钢丝绳磨损接触到槽底。

11. 卷扬机减速箱中应有足够的齿轮油。

12. 检查钢丝绳防断绳保护装置是否有效（避免因发生断绳而致吊笼坠落）。

13. 检查物料提升机连墙件与结构固定是否牢固。

14. 检查标准节螺栓是否有松动现象。

15. 检查各操作装置不得有异常，否则及时处理。

## 四、每月检查

1. 检查传动机构螺栓紧固情况，包括减速机安装螺栓、传动大板安装螺栓等。

2. 检查门配重运行时是否灵活，有无卡阻。

3. 检查吊笼是否有松动或变形。

4. 检查层门碰铁位置是否有移动或松动现象。

5. 全面对提升机各个需日检或周检的部位大检一次。

6. 检查滚轮的磨损情况，调整滚轮与立管的间隙为0.5mm。调整间隙时，先松开螺母，再转动偏心轴校准后紧固。

7. 根据要求，对需要进行润滑的部位进行润滑。

## 五、季度检查

1. 检查各个滚轮、滑轮及导向轮的轴承，根据情况进行调整或者更换。

2. 检查电机和电路的绝缘电阻及电气设备金属外壳、金属结构的接地电阻≥40Ω。

3. 按规范要求进行坠落试验，检查安全器的可靠性。

4. 根据要求，对需要进行润滑的部位进行润滑。

## 六、年度检查

1. 检查电缆线，如有破损或老化应立即进行修理和更换。

2. 检查减速机与电机间联轴器的橡胶块是否老化、破损。

3. 全面检查各零部件并进行保养及更换（包括对使用期限的鉴定与更换）。

4. 全面检查各零部件并进行保养及更换（包括对使用期限的鉴定与更换）。

5. 根据要求，对需要进行润滑的部位进行润滑。

# 第四节　物料提升机的维护保养

## 一、维护保养

1. 维护保养的意义

为了使物料提升机经常处于完好状态和安全运转状态，避免和消除在运转工作中可能出现的故障，提高物料提升机的使用寿命，必须及时正确地做好维护保养工作。

（1）物料提升机工作状态中，经常遭受风吹雨打、日晒的侵蚀，灰尘、砂土的侵入和沉积，如不及时清除和保养，将会加快机械的锈蚀、磨损，使其寿命缩短。

（2）在机械运转过程中，各工作机构润滑部位的润滑油及润滑脂会自然损耗，如不及时补充，将会加重机械的磨损。

（3）机械经过一段时间的使用后，各运转机件会自然磨损，零部件间的配合间隙会发生变化，如果不及时进行保养和调整，磨损就会加快，甚至导致完全损坏。

（4）机械在运转过程中，如果各工作机构的运转情况不正常，又得不到及时的保养和调整，将会导致工作机构完全损坏，大大降低物料提升机的使用寿命。

（5）应当对物料提升机经常进行日常和定期检查、维护和保养，传动部分应有足够的润滑油，对易损件必须经常检查、及时维修或更换，对螺栓特别是经常振动的如架体、附墙架等连接螺栓应经常进行检查，如有松动必须及时紧固或更换。

2. 维护保养的分类

（1）日常维护保养

日常维护保养，又称为例行保养，是指在设备运行的前、后和运行过程中的保养作业。日常维护保养由设备操作人员进行。

（2）定期维护保养

月度、季度及年度的维护保养，以专业维修人员为主，设备操作人员配合进行。

（3）特殊维护保养

施工机械除日常维护保养和定期维护保养外，在转场、闲置等特殊情况下还需进行维护保养。

①转场保养。在物料提升机转移到新工地安装使用前，需进行一次全面的维护保养，保证物料提升机状况完好，确保安装、使用安全。

②闲置保养。物料提升机在停放或封存期内，至少每月进行一次保养，重点是清洁和防腐，由专业维修人员进行。

3. 维护保养的方法

维护保养一般采用“清洁、紧固、调整、润滑、防腐”等方法，通常简称为“十字作业”法。

（1）清洁：是指对机械各部位的油泥、污垢、尘土等进行清除等工作，目的是为了减少部件的锈蚀、运动零件的磨损、保持良好的散热和为检查提供良好的观察效果等。

（2）紧固：是指对连接件进行检查紧固等工作。机械运转中的运动容易使连接件松动，如不及时紧固，不仅可能产生漏电等现象，有些关键部位的连接松动，轻者导致零件变形，会出现零件断裂、分离，甚至导致机械事故。

（3）调整：是指对机械零部件的间隙、行程、角度、压力、松紧、速度等及时进行检查调整，以保证机械的正常运行。尤其是要对制动器、减速机等关键机构进行适当调整，确保其灵活可靠。

（4）润滑：是指按照规定和要求，选用并定期加注或更换润滑油，以保持机械运动零件间的良好运动，减少零件磨损。

（5）防腐：是指对机械设备和部件进行防潮、防锈、防酸等处理，防止机械零部件和电气设备被腐蚀损坏。最常见的防腐保养是对机械外表进行补漆或涂上油脂等防腐涂料。

4. 维护保养的安全注意事项

在进行物料提升机的维护保养和维修时，应注意以下事项：

（1）应切断物料提升机的电源，拉下吊笼内的极限开关，防止吊笼被意外启动或发生触电事故。

（2）在维护保养和维修过程中，不得承载无关人员或装载物料，同时悬挂检修停用警示牌，禁止无关人员进入检修区域内。

（3）所用的照明行灯必须采用36V以下的安全电压，并检查行灯导线、防护罩，确保照明灯具使用安全。

（4）应设置监护人员，随时注意维护现场的工作状况，防止安全事故发生。

（5）检查基础或吊笼底部时，应首先检查制动器是否同时切断电动机电源，采用将吊笼用木方支起等措施，防止吊笼或对重突然下降伤害维修人员。

（6）维护保养和维修人员必须戴安全帽；高处作业时，应穿防滑鞋、系安全带。

（7）维护保养后的物料提升机，应进行试运转，确认一切正常后方可投入使用。

5. 物料提升机维护保养的内容

（1）日常维护保养的内容和要求

每班开始工作前，应当进行检查和维护保养，包括目测检查和功能测试，有严重情况的应当报告有关人员进行停用、维修，检查和维护保养情况应当及时记入交接班记录。检查一般应包括以下内容：

①电气系统与安全装置

检查线路电压是否符合额定值及其偏差范围；

机件有无漏电；

限位装置及机械电气连锁装置工作是否正常、灵敏可靠。

②制动器

检查制动器性能是否良好，能否可靠制动。

③标牌

检查机器上所有标牌是否清晰、完整。

④金属结构

检查物料提升机金属结构的焊接点有无脱焊及开裂；

附墙架固定是否牢靠；

停层过道是否平整；

防护栏杆是否齐全；

各部件连接螺栓有无松动。

⑤导向滚轮装置

检查侧滚轮、背轮、上下滚轮部件的定位螺钉和紧固螺栓有无松动；

滚轮是否能转动灵活，与导轨的间隙是否符合规定值。

⑥对重及其悬挂钢丝绳

检查对重运行区内有无障碍物，对重导轨及其防护装置是否正常完好；

钢丝绳有无损坏，其连接点是否牢固可靠。

⑦地面防护围栏和吊笼

检查围栏门和吊笼门是否启闭自如；

通道区有无其他杂物堆放；

吊笼运行区间有无障碍物，笼内是否清洁。

⑧电缆和电缆引导器

检查电缆是否完好无破损；

电缆引导器是否可靠有效。

⑨传动、变速机构

检查各传动、变速机构有无异响；

蜗轮箱油位是否正常，有无渗漏现象。

⑩润滑系统有无泄漏

检查润滑系统有无漏油、渗油现象。

（2）月度维护保养的内容和要求

月度维护保养除按日常维护保养的内容和要求进行外，还要按照以下内容和要求进行。

①导向滚轮装置

检查滚轮轴支承架紧固螺栓是否可靠紧固。

②对重及其悬挂钢丝绳

检查对重导向滚轮的紧固情况是否良好；

天轮装置工作是否正常可靠；

钢丝绳有无严重磨损和断丝。

③电缆和电缆导向装置

检查电缆支承臂和电缆导向装置之间的相对位置是否正确；

导向装置的弹簧功能是否正常；

电缆有无扭曲、破坏。

④传动、减速机构

检查机械传动装置安装紧固螺栓有无松动，特别是提升齿轮副的紧固螺钉有否松动；

电动机散热片是否清洁，散热功能是否良好；

减速器箱内油位有否降低。

⑤制动器

检查试验制动器的制动力矩是否符合要求。

⑥电气系统与安全装置

检查各限位装置是否良好；

导轨架上的限位挡铁位置是否正确。

⑦金属结构

重点查看导轨架标准节之间的连接螺栓是否牢固；

附墙结构是否稳固，螺栓有无松动，表面防护是否良好，有无脱漆和锈蚀，构架有无变形。

（6）季度维护保养的内容和要求

季度维护保养除按月度维护保养的内容和要求进行外，还要按照以下内容和要求进行。

①导向滚轮装置

检查导向滚轮的磨损情况；

确认滚珠轴承是否良好，是否有严重磨损，调整与导轨之间的间隙。

②检查齿条及齿轮的磨损情况

检查提升齿轮副的磨损情况，检测其磨损量是否大于规定最大允许值；

用塞尺检查蜗轮减速器内蜗轮磨损情况，检测其磨损量是否大于规定的最大允许值。

③电气系统与安全装置

在额定负载下进行坠落试验，检测防坠安全器的性能是否可靠。

（7）年度维护保养的内容和要求

年度维护保养除按季度维护保养的内容和要求进行外，还要按照以下内容和要求进行。

①传动、减速机构

检查驱动电机和蜗轮减速器、联轴器结合是否良好，传动是否安全可靠。

②对重及其悬挂钢丝绳

检查悬挂对重的天轮装置是否牢固可靠、天轮轴承磨损程度大小，必要时应调换轴承。

③电气系统与安全装置

复核防坠安全器的出厂日期，对超过标定年限的，应由具有相应资质检测机构进行重新标定，合格后方可使用。此外，在进入新的施工现场使用前应按规定进行坠落试验。

（8）物料提升机润滑要求及方法（见表 6-1）

**表 6—1 物料提升机润滑要求及方法**

| 项目 | 润滑周期 | 润滑部位 | 滑润方法 | 简图 |
|---|---|---|---|---|
| 1 | 每周 | 齿轮/齿条位置 | 涂刷油脂 |  |
| 2 | | 减速机 | （观察油孔，必要时添加） | 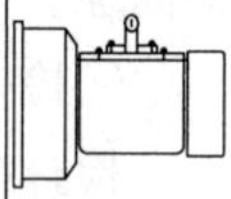 |
| 3 | 每月 | 滚轮 | 用油枪加注油脂 |  |
| 4 | | 配重滚轮与滑道 | 涂刷油脂 | 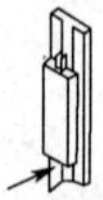 |
| 5 | | 导轨架立管 | 涂刷油脂 | 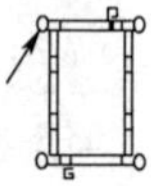 |
| 6 | | 限速器小齿轮 | 涂刷油脂 | 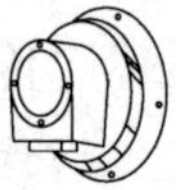 |
| 7 | 每半年 | 减速机 | 换油 | 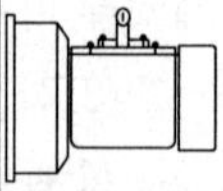 |

# 第七章　物料提升机故障及处置方法

## 第一节　物料提升机常见故障的判断和处置方法

物料提升机常见故障的判断和处置方法见表 7-1。

**表 7-1　物料提升机常见故障的处置方法**

| 序号 | 常见故障 | 故障分析 | 处理办法 |
|---|---|---|---|
| 1 | 总电源合闸即跳 | 电路内部损伤，短路或相线接地 | 查明原因，修复线路 |
| 2 | 电压正常，但主交流接触器不吸合 | 限位开关未复位 | 限位开关复位 |
| | | 相序接错 | 正确接线 |
| | | 电气元件损坏或线路开路断路 | 更换电气元件或修复线路 |
| 3 | 操作按钮置于上、下运行位置，但交流接触器不动作 | 限位开关未复位 | 限位开关复位 |
| | | 操作按钮线路断路 | 修复操作按钮线路 |
| 4 | 电机启动困难，并有异常响声 | 卷扬机制动器没调好或线圈损坏，制动器没有打开 | 调整制动器间隙，更换电磁线圈 |
| | | 严重超载 | 减少吊笼载荷 |
| | | 电动机缺相 | 正确接线 |
| 5 | 上下限位开关不起作用 | 上、下限位损坏 | 更换限位 |
| | | 限位架和限位碰块移位 | 恢复限位架和限位位置 |
| | | 交流接触器触点粘连 | 修复或更换接触器 |

续表

| 序号 | 常见故障 | 故障分析 | 处理办法 |
|---|---|---|---|
| 6 | 交流接触器释放时有延时现象 | 交流接触器复位受阻或粘连 | 修复或更换接触器 |
| 7 | 电路正常，但操作时有时动作正常，有时动作不正常 | 制动器未彻底分离 | 调整制动器间隙 |
| | | 线路接触不好或虚接 | 修复线路 |
| 8 | 吊笼不能正常起升 | 供电电压低于380V或供电阻抗过大 | 暂停作业，恢复供电电压至380V |
| | | 冬季减速箱润滑油太稠太多 | 更换润滑油 |
| | | 制动器未彻底分离 | 调整制动器间隙 |
| | | 超载或超高 | 减少吊笼载荷，下降吊笼 |
| | | 停靠装置插销伸出挂在架体上 | 恢复插销位置 |
| 9 | 吊笼不能正常下降 | 断绳保护装置误动作 | 修复断绳保护装置 |
| | | 摩擦副损坏 | 更换摩擦副 |
| 10 | 制动器失效 | 制动器各运动部件调整不到位 | 修复或更换制动器 |
| | | 机构损坏，使运动受阻 | 修复或更换制动器 |
| | | 电气线路损坏 | 修复电气线路 |
| | | 制动衬料或制动轮磨损严重，制动衬料或制动块连接铆钉露头 | 更换制动衬料或制动轮 |
| 11 | 制动器制动力矩不足 | 制动衬料和制动轮之间有油垢 | 清理油垢 |
| | | 制动弹簧过松 | 更换弹簧 |
| | | 活动铰链处有卡滞地方或有磨损过度的零件 | 更换失效零件 |
| | | 锁紧螺母松动，引起调整用的横杆松脱 | 紧固锁紧螺母 |
| | | 制动衬料与制动轮之间的间隙隙过大 | 调整制动衬料与制动轮之间的间隙 |

续表

| 序号 | 常见故障 | 故障分析 | 处理办法 |
| --- | --- | --- | --- |
| 12 | 制动器制动轮温度过高，制动块冒烟 | 制动轮径向跳动严重超差 | 修复制动轮与轴的配合 |
| | | 制动弹簧过紧，电磁松闸器存在故障而不能松闸或松闸不到位 | 调整松紧螺母 |
| | | 制动器机件磨损，造成制动衬料与制动轮之间位置错误 | 更换制动器机件 |
| | | 铰链卡死 | 修复 |
| 13 | 制动器制动臂不能张开 | 制动弹簧过紧，造成制动力矩过大 | 调整松紧螺母 |
| | | 电源电压低或电气线路出现故障 | 恢复供电电压至380V，修复电气线路 |
| | | 制动块和制动轮之间有污垢，形成粘连现象 | 清理污垢 |
| | | 衔铁之间连接定位件损坏或位置变化，造成衔铁运动受阻，推不开制动弹簧 | 更换连接定位件或调整位置 |
| | | 电磁铁衔铁芯之间间隙过大，造成吸力不足 | 调整电磁铁衔铁芯之间间隙 |
| | | 电磁铁衔铁芯之间间隙过小，造成铁芯吸合行程过小，不能打开制动 | 调整电磁铁衔铁芯之间间隙 |
| | | 制动器活动构件有卡滞现象 | 修复活动构件 |
| 14 | 制动器电磁铁合闸时间迟缓 | 继电器常开触点有粘连现象 | 更换触点 |
| | | 卷扬机制动器没有调好 | 调整制动器 |
| 15 | 吊笼停靠时有下滑现象 | 卷扬机制动器摩擦片磨损过大 | 更换摩擦片 |
| | | 卷扬机制动器摩擦片、制动轮沾油 | 清理油垢 |
| 16 | 正常动作时断绳保护装置动作 | 制动块（钳）压得太紧 | 调整制动块滑动间隙 |
| 17 | 吊笼运行时有抖动现象 | 导轨上有杂物 | 清除杂物 |
| | | 导向滚轮（导靴）和导轨间隙过大 | 调整间隙 |

## 第二节　物料提升机常见事故原因及处置方法

### 一、使用和管理中常见事故原因

1. 卷扬机的制动块磨损严重，未及时检查或更换，易发生吊笼下坠事故。

2. 联轴器的弹性圈磨损严重，不及时检查或更换。

3. 吊笼安全门缺损或不可靠，底板破损，造成物料空中坠落伤人。

4. 断绳保护装置和导轨清洁不及时，油污积聚导致防坠安全装置失灵。

5. 通信装置失灵或不正确使用，导致司机和各楼层联系不畅。

6. 安装后，未经正式验收合格及备案登记办理准用手续即投入使用。

7. 司机未经专门培训，无证上岗操作，不坚持班前检查和例行保养。

8. 违规超载，载荷偏置，物件超长。

9. 吊笼违章载人运行。

10. 闲杂人员违规进入底层防护栏内或进入吊笼下方。

11. 司机不坚守岗位，指使或默认无证人员擅自违章操作。

### 二、使用和管理中常见事故处置方法

1. 施工单位主要负责人和项目负责人应加强有关安全生产法律法规和安全技术规范的学习，提高法制观念，防止出现违章指挥、冒险蛮干现象。

2. 施工单位在选用物料提升机等起重机械设备时应查验制造

许可证、产品合格证、制造监督检验证明、产权备案证明，技术资料不齐全的不得使用。

3. 施工单位应加强起重机械管理，起重机械安装前编制方案，安装过程严格按方案规定的工艺和顺序进行安装作业，安装完毕按规定进行调试、检验和验收。

4. 特种作业人员必须接受专门安全技术培训，考核合格后持有效证件上岗。

5. 加强对项目负责人、特种作业人员的安全教育，严格遵守特种作业人员持证上岗的规定，杜绝违章指挥、违章作业。

6. 卷筒防脱绳装置、断绳保护装置等安全装置，是保护施工作业人员和施工设备安全的重要装置，必须要齐全、有效。

7. 夜间作业，应设有足够的照明，使司机能看清起重机械的运行情况。

8. 施工单位的管理人员和作业人员要认真学习安全生产法律法规、规范标准，提高自身安全素质，防范安全事故发生。

9. 物料提升机的安装属危险性较大的分部分项工程，必须编制施工方案，并经审批后方可实施。作业前，技术人员要对作业人员进行安全技术交底。

## 第三节 紧急情况处置方法

在物料提升机使用过程中，有时会发生一些紧急情况，此时，司机首先要保持镇静，采取一些合理有效的应急措施，等待维修人员排除故障，尽可能地避免或减少损失。

### 一、卷筒上出现乱绳后的处理方法

卷扬机卷筒上的钢丝绳应排列整齐，如果需要重新缠绕时，严禁一人用手、脚引导缠绕钢丝绳。（只能由两人配合缠绕钢丝绳，一人操作另一人在5m外用手引导缠绳）。当发现钢丝绳磨损达到报废标准时必须及时更换，起重卷扬钢丝绳不得使用有接头的钢丝绳。

## 二、运行中在哪些情况下必须立即停止操作

卷扬机运行中发现下列情况时，必须立即停机检修：

1. 发现电气设备漏电。
2. 启动器、接触器的触电导致火弧或烧毁。
3. 电动机在运行中温升过高或齿轮箱有不正常声响。
4. 电压突然下降。
5. 防护设备（装置）脱落。
6. 有人发出紧急停止信号。

## 三、工作过程中制动器失灵处理方法

1. 工作过程中，偶然发生制动器失灵，切不可惊慌，在条件允许的情况下，可间断起升、降落，缓慢平稳地将重物（吊笼）停放到安全地方。

2. 在重新恢复作业前，应在机务管理人员确认制动器动作正常后方可继续使用。

## 四、运行中突然断电的处理方法

1. 闭合主电源前或作业中突然断电时，应将所有开关扳回零位，以摩擦式卷扬机为动力的提升机，应立即采取制动措施。

2. 司机必须坚守岗位，吊笼不应长时间滞留在空中，应在机务员的指导下手动操作，轻微推动磁力线圈的衔铁，慢慢将吊笼降至地面，严禁随意以自由降落的方式下降吊笼，因为速度过快时冲击力大，容易使钢丝绳绷断，造成事故。

3. 在重新恢复作业前，应在确认提升机动作正常后方可继续

使用。

## 五、运行中钢丝绳突然被卡住的处理方法

吊笼在运行中钢丝绳突然被卡住时，司机应及时按下紧急断电开关，使卷扬机停止运行，向周围人员发出示警。将各控制开关扳回到零位，关闭控制箱内电源开关，并启动安全停靠装置，禁止擅自处理或冒险继续操作运行。立即通知机务管理员或专业维修人员，交由专业维修人员对物料提升机进行维修。在专业维修人员未到达现场前，司机不得离开操作岗位。

# 参考文献

[1] GB/T 5972—2016 起重机钢丝绳保养、维护、检验和报废.

[2] GB/T 8706—2017 钢丝绳术语、标记和分类.

[3] GB/T 1955 建筑卷扬机.

[4] GB 5082 起重吊运指挥信号.

[5] JGJ 88—2010 龙门架及井架物料提升机安全技术规范.

[6] JB/T 8521.2 编织吊索-安全性-第二部分：一般用途合成纤维圆形吊装带.